食品企業の
全社的
生産性向上
マネジメント

山崎康夫 著
Yasuo Yamazaki

幸書房

推薦の言葉

　一般社団法人 中部産業連盟は，1948年の設立以来69年にわたって，コンサルティングをはじめとして，教育研修や公開セミナーなどの事業活動を通して，産業界の発展に貢献してきたマネジメント専門団体です。

　本書の著者が所属する東京事業部においても，首都圏を中心として北は北海道から南は九州鹿児島なども含め約50年間，多くの企業のコンサルティングや教育研修などを行ってまいりました。

　従来，食品製造業は自動車や電機などの他業種に比べて，季節変動などの要因から自動化が難しく労働集約的な企業が多いことや，製品ライフサイクルが比較的長いなど，どちらかというと革新よりも伝統を重んじてきたこともあって，生産性向上や品質向上に役立つ5S，VM（Visual Management：見えるマネジメント），QC，IEなどのマネジメント手法を活用した改善活動が十分でありませんでした。

　しかしながら，食品企業において競争が益々激化する中，先行不透明な時代を勝ち残り，発展していくためには，上記のようなマネジメント手法を積極的に導入して，改善，改革活動を全社的に展開していくことが必要不可欠です。

　すなわち，企業は人なり，人の成長なくして会社の発展なしと言われるように，改善やマネジメント・イノベーションを進めるのは，まさに人であり，組織一丸となって消費者，流通サイドの年々高まる要求に応えながら，マーケティング，テクノロジー，プロセス，プロダクトといった，ありとあらゆる分野のイノベーションを全社で推進することによって，経営体質の強化が図れます。

　本書の著者である山崎康夫氏は，中部産業連盟入職以来，長年にわたり，自動車，電機，医薬，食品などあらゆる製造業種の多くの企業の改善活動を指導してきた主席コンサルタントであり，特に食品企業に対しては20年の長きにわたって指導してきた，食品製造業界コンサルタントとして第一人者です。

　今回，食品企業での改善指導の経験と成果に裏付けられた，全社の生産性向上を実現するマネジメント・イノベーションの進め方をまとめ，世に出すことは，真に時宜を得た出版であると思います。本書が多くの読者に読まれ，食品企業の経営体質の革新・強化の一助にしていただければ真に幸いです。

2017年8月吉日

一般社団法人　中部産業連盟
理事　小　坂　信　之

はじめに

　国内市場の縮小，原材料の高騰，安全性への高い要求など，食品企業はこれらの高いハードルを越えて生き残るために，従来の発想を転換して，品質改善と収益向上を図っていく必要がある。
　理想の食品企業，強い会社へ変革していくためには，工場の生産部門にとどまらず全部門において「見える管理手法（VM手法）」を導入し，マネジメント力の飛躍的向上を実現するとともに，日常の管理・改善・改革活動の中でさまざまなイノベーションを推進していかなければならない。
　全部門における組織横断的な「見える管理活動」を実現することは，部門間のセクショナリズムの古い体質から脱して，各部署が連携して効果を出すための第一歩である。
　本書は，日本の基幹産業である自動車や電機産業の組み立てラインにおいて，QC活動やカイゼンの経験から生み出され定式化されたマネジメントの手法を，食品工場に合った形で「翻訳」「進化」させ，タイトルにあるように「食品企業の全社的生産性向上マネジメント」を目指そうと企画されたものである。
　本書の特徴として，3章では，マネジメント・イノベーションを効果的に実現するための「組織横断活動の必要性と"見える化"の工夫」を解説しており，5章で「全部門対象の効果的な改善活動」として，「全社的5S活動」「全社的ムダ取り活動」「事務の業務改善活動」「見える目標管理活動」「原価管理による改善活動」という5つのテーマで全社的なマネジメント向上のための活動を紹介しているので，全部門の管理者の方に参考になる内容である。
　また6章では，「部門別の品質改善と収益向上」として，「商品企画・営業部門」「研究開発部門」「生産管理部門」「購買・外注管理部門」「製造部門」「品質管理・検査部門」「生産技術・設備保全部門」「倉庫・物流部門」という8部門のマネジメント・イノベーションの具体的な事例を示しているので，該当部門および関連部門の方に読んでいただきたい。
　さらに4章においては，現在食品企業にとって喫緊の課題である「リスクベース思考での異物混入対策」を解説しているので，ぜひ全社におけるリスク管理の参考にされたい。
　本執筆は，中部産業連盟東京事業部の生産VM研究会で検討してきた内容を参考にして，食品企業用にリニューアルしたものが一部含まれており，研究会のメンバーに心より感謝申し上げる。また，VMの創始者である五十嵐瞭氏の考えを参考にしており，多大な感謝を申し上げる。さらに，本書の企画と出版にご尽力いただいた，株式会社幸書房の夏野雅博社長，伊藤郁子さんをはじめ編集部の皆様にもお礼を申し上げる。

2017年8月吉日

一般社団法人　中部産業連盟
執行理事　山　崎　康　夫

目　　次

1章　会社全体で品質改善と収益向上を目指す ………………………………………… 1

　1.1　理想の食品企業を目指して ………………………………………………………… 2
　1.2　"叙々苑イズム"で理想の工場を実現 …………………………………………… 4
　1.3　理想の工場へ向けた具体的な展開 ………………………………………………… 8
　1.4　5S活動で食品工場の基礎づくり ………………………………………………… 10

2章　組織横断活動の必要性と「見える化」の工夫 …………………………………… 12

　2.1　組織横断活動ができない理由 ……………………………………………………… 12
　2.2　組織横断VMの必要性と推進手順 ………………………………………………… 12
　2.3　研究開発部門を中心とした組織横断活動 ………………………………………… 15
　2.4　購買・外注管理部門を中心とした組織横断活動 ………………………………… 18

3章　理想の食品企業への到達点に向けて ……………………………………………… 21

　3.1　理想の食品企業への変革 …………………………………………………………… 21
　3.2　マネジメント・イノベーションの推進 …………………………………………… 22
　3.3　VMの導入によるマネジメント・イノベーションの実現 ……………………… 23
　3.4　生産プロセス・イノベーションに向けて ………………………………………… 25
　3.5　労働人口不足と食品機械の発展 …………………………………………………… 26

4章　リスクベース思考で異物混入を撲滅 ……………………………………………… 28

　4.1　食品企業における異物混入問題とリスクベース思考 …………………………… 28
　4.2　異物混入対策へのリスクアセスメントの活用 …………………………………… 28
　4.3　異物混入リスクアセスメントとリスク対応の手順 ……………………………… 30

4.4 "なぜなぜ分析" と異物混入防止パトロールの活用 …………………………32
4.5 異物混入における再発防止対策の徹底 ………………………………………34
4.6 毛髪混入防止対策 …………………………………………………………………34
4.7 設備に起因する異物混入対策 …………………………………………………37
4.8 異物混入における危機管理対応 ………………………………………………38
4.9 食品開発部門におけるリスク管理と原料仕入先管理 ……………………39

5章 全部門対象の効果的な改善活動 ………………………………………41

5.1 全社的5S活動 ……………………………………………………………………41
   5.1.1 5S活動の3つのねらい ……………………………………………………41
   5.1.2 5S活動の定着化に向けて …………………………………………………43
   5.1.3 5S活動の組織化 ……………………………………………………………43
   5.1.4 5S推進のブロック化 ………………………………………………………45
   5.1.5 食品工場における清潔の徹底 ……………………………………………47
   5.1.6 事務部門の5S構築 …………………………………………………………49
   5.1.7 「物の見える化」と「業務の見える化」………………………………50
5.2 全社的ムダ取り活動 ……………………………………………………………53
   5.2.1 トヨタにおける「7つのムダ」……………………………………………53
   5.2.2 ムダの波及 ……………………………………………………………………54
   5.2.3 研究開発部門のムダ …………………………………………………………55
   5.2.4 生産技術部門のムダ …………………………………………………………56
   5.2.5 倉庫・物流部門のムダ ………………………………………………………57
   5.2.6 新発想のムダ改善の手順 ……………………………………………………58
5.3 事務の業務改善活動 ……………………………………………………………63
   5.3.1 事務仕事の生産性向上の必要性 ……………………………………………63
   5.3.2 目指すは良質な情報の適時提供 ……………………………………………63
   5.3.3 事務部門の改善に有効な「個人別業務日程管理」………………………64
   5.3.4 部門別の機能分析と改善のためのポイント ……………………………66
   5.3.5 個人別業務分析と改善のためのポイント ………………………………67
   5.3.6 業務改善は多能化が前提 ……………………………………………………70
   5.3.7 業務プロセス改善の推進 ……………………………………………………71

5.4 見える目標管理活動 ……………………………………………………… 73
5.4.1 目で見える方針・目標管理の必要性 ……………………………… 73
5.4.2 方針・目標管理のテーマ設定の重要性 …………………………… 74
5.4.3 VM による目標管理の展開 ……………………………………… 75
5.5 原価管理による改善活動 ………………………………………………… 79
5.5.1 管理会計の必要性 …………………………………………………… 79
5.5.2 製品別原価管理の必要性 …………………………………………… 81
5.5.3 製品原価の構成と算出方法 ………………………………………… 84
5.5.4 段取り時間の考え方と工数改善 …………………………………… 87
5.5.5 管理会計の改善事例の紹介 ………………………………………… 87

6章 部門別の品質改善と収益向上 …………………………………………… 89
6.1 商品企画・営業部門 ……………………………………………………… 89
6.1.1 商品企画・営業部門の役割使命とイノベーション ……………… 89
6.1.2 アンゾフの事業拡大マトリックス ………………………………… 90
6.1.3 技術・市場マトリックスの作成と絞り込み ……………………… 91
6.1.4 マーケットインからデザイン思考へ ……………………………… 93
6.1.5 売上予算・実績管理 ………………………………………………… 95
6.1.6 営業担当者別の行動管理 …………………………………………… 96
6.2 研究開発部門 ……………………………………………………………… 99
6.2.1 研究開発部門の役割使命とイノベーション ……………………… 99
6.2.2 商品開発戦略の構築 ………………………………………………… 100
6.2.3 商品開発企画書の作成目的と構成 ………………………………… 101
6.2.4 商品開発の効率的な進め方 ………………………………………… 104
6.2.5 知的財産権の活用 …………………………………………………… 107
6.2.6 「特許情報プラットフォーム」の活用法 ………………………… 108
6.3 生産管理部門 ……………………………………………………………… 110
6.3.1 生産管理部門の役割使命とイノベーション ……………………… 110
6.3.2 操業度平準化の目的と方策 ………………………………………… 111
6.3.3 操業度平準化対策の具体的な進め方 ……………………………… 113
6.3.4 リードタイム短縮の目的と方策 …………………………………… 115

- 6.4 購買・外注管理部門 …………………………………………………………… 118
  - 6.4.1 購買・外注管理部門の役割使命とイノベーション………………… 118
  - 6.4.2 購買・外注管理部門のプロセスマネジメントの実施……………… 119
  - 6.4.3 アウトソース品質管理の進め方……………………………………… 120
  - 6.4.4 購買・外注管理部門のコストダウン活動の進め方………………… 125
  - 6.4.5 具体的なコストダウンの手法………………………………………… 128
- 6.5 製造部門 …………………………………………………………………………… 129
  - 6.5.1 製造部門の役割使命とイノベーション……………………………… 129
  - 6.5.2 不良低減管理の効果的な進め方……………………………………… 131
  - 6.5.3 製造経費低減の効果的な進め方……………………………………… 134
- 6.6 品質管理・検査部門 ……………………………………………………………… 137
  - 6.6.1 品質管理・検査部門の役割使命とイノベーション………………… 137
  - 6.6.2 品質管理部門のプロセスマネジメントの実施……………………… 139
  - 6.6.3 品質不良発生後の迅速管理と未然防止策の実施…………………… 141
- 6.7 生産技術・設備保全部門 ………………………………………………………… 146
  - 6.7.1 生産技術・設備保全部門の役割使命とイノベーション…………… 146
  - 6.7.2 生産準備活動の効果的な進め方……………………………………… 148
  - 6.7.3 設備保全活動の効果的な進め方……………………………………… 149
  - 6.7.4 コストダウン・生産性向上の効果的な進め方……………………… 150
- 6.8 倉庫・物流部門 …………………………………………………………………… 153
  - 6.8.1 倉庫・物流部門の役割使命とイノベーション……………………… 153
  - 6.8.2 入庫・保管管理の効果的な進め方…………………………………… 155
  - 6.8.3 出庫管理の効果的な進め方…………………………………………… 156
  - 6.8.4 食品工場内の運搬方法改善の進め方………………………………… 158
  - 6.8.5 倉庫・配送におけるフードディフェンスの進め方………………… 159
  - 6.8.6 物流コスト削減管理の進め方………………………………………… 160

1章　会社全体で品質改善と収益向上を目指す

　国内市場の縮小，原材料の高騰，安全性への高い要求などで，食品工場は生き残るために，これまでとは発想を転換して，品質改善と収益向上を図っていく必要がある。

　個々の部門の改善において，自部門で解決できることはある程度実施しているが，組織間で解決すべき問題が残っている場合が多い。これらの問題を解決するためには，関係部門間および関係者間のコミュニケーションを図り，PDCA（Plan：計画　Do：実行　Check：点検　Act：改善）（3章で詳述）を回すことが重要である。しかし，多くの企業は組織間に壁があり，うまく機能しないケースが見受けられる。これを打破するためには，組織横断的に関係者が情報を共有でき，いつでも原因と対策を検討することにより成果が確認できる場所と機会を創る必要がある。

　組織横断VM（Visual Management）とは，経営課題を解決するために関連部門がそれぞれの課題を明確にし，全部門で課題解決するための「見える管理」である。主要な課題を解決するための全体の活動計画を立案し，1つの場所で各部門の活動状況に関する情報の"共有化・見える化"を目指すのである。それによって，いつでも全体の進捗状況，問題点などを知ることができ，迅速にPDCAのサイクルを回すことができる（図表1.1）。

　例えば，ある食品会社で売上向上を図ろうとするときに，営業部門だけで対応しようとしても

図表1.1　組織横断VMの活動風景

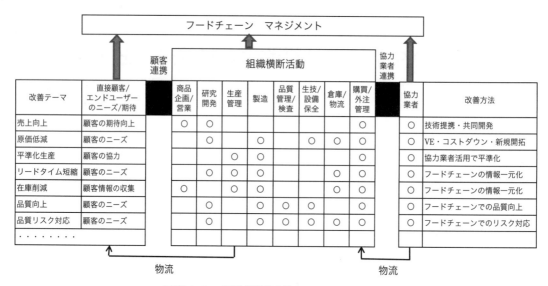

図表 1.2 組織横断活動とフードチェーン

限界がある。商品企画部門や研究開発部門の協力を得ながら組織横断的に，売上向上に向けた管理をしていくことになる。具体的には，売上情報管理，販売促進管理，新商品開発管理などを組織横断で実施していくことになる。その際，まずは責任部門を決める。次に実施方法としては，全部門の関係者が集まることができるような場所に組織横断 VM ボードを設置し，管理の責任部門を主体として，定期的に関係部門の責任者が集まって，進捗状況の確認や問題点がある場合は対策などを話し合っていく。組織横断 VM の詳細については，2 章を参照されたい。

その他に，組織横断的に解決する項目としては，原価低減・平準化生産・リードタイム短縮・在庫削減・品質向上・品質リスク対応等があり，食品会社の全部門で協力して対応していくことが目標達成の早道となる（図表 1.2）。

また，これらの改善活動はフードチェーンを意識して，顧客や協力業者とコラボレーションすることで，さらなる効果を上げていくことができる。例えば，「売上向上」のテーマでは技術提携・共同開発が，「品質向上」のテーマではフードチェーンでの品質向上活動が効果的な手段となる。

本書ではこのような，食品会社全体で，またフードチェーンを通じて品質改善と収益向上を目指すための様々な手法を，具体的にわかりやすく解説していく。

1.1 理想の食品企業を目指して

"理想の食品企業への実現"に向けては，筆者の前著である『食品工場の生産性向上とリスク管理』において"先端的生産管理システムの体系図"を提示しているが，これがベースとなる。

食品工場に行くと，まだ多くの"ムダ"を抱えているところが多く，これらのムダが原因となって，品質改善や収益向上の目標が未達成となっているのである。これらのムダを削減するために，"理想の食品企業への実現"に向けてさらなるステップアップを図るため，"組織横断活動"を活用して全社員の意識改革を実現し，それを基に管理技術のイノベーション（生産管理システムの改革，品質管理システムの改革など）を実現する新体系図を提案する（図表1.3）。

まず，管理技術のイノベーションの生産管理システムとしては，①生産日程計画・差立，②進度管理，③段取作業方法改善，④作業方法改善，⑤運搬方法改善，⑥設備管理の6つの改善項目が挙げられる。次に，品質管理システムとしては，①変化点管理，②特性要因図，③危害のビデオ分析，④ポカヨケ[*1]活動，⑤タートル分析，⑥品質KYT（Kiken Yochi Traning 危険予知トレーニング）活動の6つを挙げており，これらの詳細については，前著の『食品工場の生産性向上とリスク管理』を参照されたい。

しかし，管理技術のイノベーションだけでは改善はうまくいかない。全社員の意識改革ができて初めて改革が実現するのである。意識改革とは，問題意識・改善意識・実行力・リーダーシップ・コミュニケーション能力・チームワーク力に対する個人個人の意識を変え，目標に向かって足並みをそろえていくことである。この意識改革を実現するのが，①5S活動，②多能化[*2]，③目で見る管理，④リスク管理などであり，まずはこれらに取り組むことを推奨する。

①5S活動：5S（整理，整頓，清掃，清潔，躾）活動は改善活動の基本であり，従業員の質の向

[*1] ポカヨケ：主に工場の生産ラインにおいて，うっかりした人為的ミス（ポカ）が発生してもすぐに気づく，または防止できる（ヨケられる）仕組み，対策のこと。

[*2] 多能化：1人の作業者が複数の技能を持ち，複数の工程を担当できるようにすること。多能化された作業者のことを多能工という。

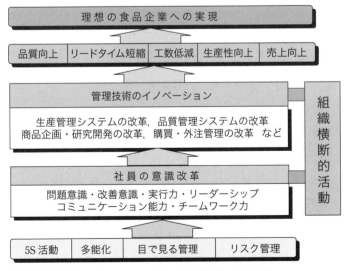

図表1.3 理想の食品企業の体系図

上にも効果がある。5Sは食品工場の生産活動や工場改善の基礎条件として，必要不可欠であることは言うまでもない。

②多能化：例えば，トヨタ自動車の「ジャストインタイム生産」の"多工程持ち"また"少人化"を実現するためには，社員の多能化が前提となる。多能な社員養成の手順としては，現状の作業者スキルをスキルマップで業務別・工程別に明らかにし，教育訓練計画表を利用して各社員の職能目標を設定し，教育スケジュールを作成する。また，定期的に多能化達成状況を発表し社員の意識を高めていく。

③目で見る管理：目で見る管理とは，すべての部門にVM（Visual Management）の道すじを整備して，ムダや問題点が一目でわかるような状態にし，管理・監督者がタイムリーに適切なアクションがとれる管理手法である。すなわち，PDCA（Plan-Do-Check-Action）サイクルを回しながら日常の管理・改善活動を展開し，改善・改革を図っていく管理のことである。

④リスク管理：リスク管理とは，ハザードをリスクにしないための管理である。ハザードとは，経営全般に影響する震災対応のような事業継続管理から，食品工場におけるHACCP管理（生物的危害，化学的危害，物理的危害から重要管理点を導き，発生した場合の対応と予防的管理を実施する管理）まで幅広い。

これらの基礎的活動がしっかりできてこそ，社員の意識改革につながり，管理技術のイノベーションと相まって，理想の食品企業が実現する。以下に，このような考え方を実践して理想の食品企業に近づいている事例企業を紹介する。

1.2 "叙々苑イズム"で理想の工場を実現

叙々苑は1976年に六本木で創業した高級焼き肉店である。「叙々苑」「游玄亭」「叙々苑キッチン」の3つのブランドを持ち，東京を中心に全国展開している。直営58店舗で使用する肉やたれ，漬物，弁当を供給するのが，東京都足立区にある「叙々苑フードファクトリー」である（図表1.4）。"食の安全・安心を徹底した食品工場"をコンセプトに，明確なゾーニングや交差汚染のない動線などHACCPの理念に基づき設計・施工され，2007年から稼働している。外部見学者用の通路を設け，"見せる工場"としての役割も果たしている（図表1.5）。

叙々苑フードファクトリーが提供している肉は，産地・生産者・個体ごとに良し悪しを見極め，妥協を許さない"叙々苑牛"の厳選された部位を，1枚1枚丁寧にカットして提供している。焼肉は"たれ"で決まるとも言われており，永年育んできた秘伝のレシピと製法がノウハウとなっている。漬物のキムチは，ほとんどが手作り工程で，塩加減・漬込温度や時間など日々きめ細かく調整し，食べ頃で提供している。焼肉弁当は冷めてもおいしく食べられるよう工夫してお

＊フードファクトリーが食材を提供

図表 1.4 叙々苑の紹介

図表 1.5 各課の作業風景

り，店舗はもちろん，東京駅・デパート・空港売店・東京ドームなどでも販売されている（図表1.6）。

　叙々苑では，このフードファクトリーを対象に，2012年8月から"業界ナンバーワン"を目

図表 1.6 商品の特徴

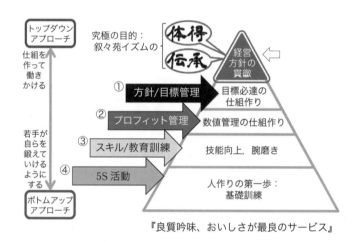

図表 1.7 理想の会社への活動概要

指す改善・改革活動がスタートした。工場長を兼務する皆川常務は，本活動への取り組みの経緯について，「当社はオーナー企業であり，創業者の思いを継承し，会社を存続させることが命題となる。そのため若い世代に"叙々苑イズム"を伝え，指導者を育成し，ブランドを維持・確立できる仕組みをつくっていく」と語っている。

そこで，中部産業連盟の筆者の指導の下，まず，会社方針である『良質吟味，おいしさが最良のサービス』を基にフードファクトリーの経営方針を策定し，以下のような3本柱を掲げた。

① 安全・安心な商品を作り，地域・社会・環境に貢献できる工場を心がけます
② お客様，取引先，従業員を大切にします
③ 人と物に感謝します

目標管理実施評価表（食肉製造）

測定頻度：毎月　　　　　　　　　　　　　作成日 20XX年5月10日

項目No.	部署名	部署責任者	部署の目標	評価方法	XX年4月	5月	6月	7月	8月	9月	10月	11月	12月	XX年1月	2月	3月	結果
1-1	精肉加工	米山	カルビスライスの品質安定	評価表に基づく教育の実施状況	△												
1-2	精肉加工	米山	出荷製品の欠品数	自社店舗向け出荷製品の欠品数	0件 ○												
1-3	精肉加工	米山	5Sの推進	5S実施計画表の実施状況	△												

判定基準：達成＝○　未達成＝△　大きく未達成＝×
報告：毎月 21日まで

該当月	コメント	対応
1月	・カルビスライスの品質安定のための教育状況が遅れている ・5S活動として、整頓段階に入り、若干停滞気味となっている	・教育担当者に教育実施を再度徹底する ・整頓基準を作成し、メンバー全員で取り組むようにする
2月		
3月		

【達成方法】

1-1	カルビスライスの品質安定	評価表に基づき、本人と面接し、教育を実施する。ビデオを撮影して分析する。
1-2	出荷製品の欠品0件	在庫予定表を作成し、担当が毎日チェックすることにより欠品を防止する。

図表1.8　方針／目標管理

この経営方針の貫徹と，同社のモットーである「良質吟味，おいしさが最高のサービス」の追求を目指すべき方向性として浸透を図るべく，①方針・目標管理，②プロフィット管理（次項で詳述），③スキル・教育訓練，④5S活動の4つの活動を基点に改革を進めた（図表1.7）。この活動に際してのポイントは，仕組みを作って働きかけるトップダウンアプローチと，若手が自らを鍛えていけるようなボトムアップアプローチをバランスよく兼ね備えることにある。

組織運営としては，常務取締役・工場長が業務改革委員長を務め，食肉加工課，野菜漬物課，たれ製造課，弁当商品製造課，業務課の事務係・配送係の統括補佐をする部長のもと，各課の責任者（課長）と各部署の業務改善（5S）リーダーとメンバー11名，食肉加工課と漬物製造課の工程改善チーム6名，フードファクトリー全体の衛生基準を作成するリーダーという構成で，本社総務課長が取りまとめ役となった。また，人材育成が主要目的の1つであるため，実働部隊となるリーダーやメンバーは若手で編成され，パート・アルバイトも含めた全員参加活動とし，6つの部署が競い合う形で活動を進めている。

1.3 理想の工場へ向けた具体的な展開

先に示した4つの活動（図表1.7）についての展開方法を以下に記述する。1つ目の「方針・目標管理」は，目標達成の仕組みづくりを目的として，リーダーシップを発揮できる責任者の育成に主眼を置いている。そのため，責任者が経営方針を理解するとともに，自身と部署の役割・使命を明確にした。それに基づき，改善すべき重点課題と今期目標を設定してPDCAを実行し，

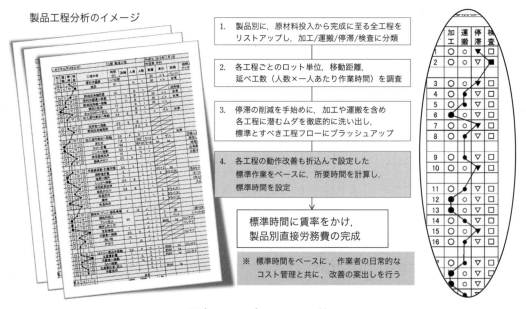

図表 1.9 プロフィット管理

1.3 理想の工場へ向けた具体的な展開

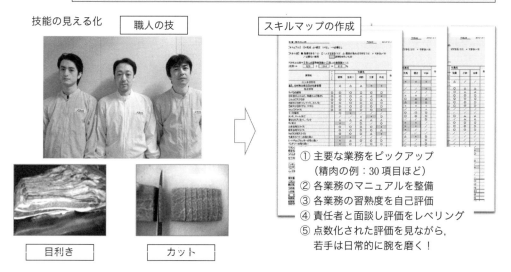

図表 1.10 スキル／教育訓練

その結果の評価を食堂前に掲示して，工場の全従業員に見えるようにしている。このようにして，部署の責任者が目標管理を通して社員を取りまとめる力を身に付け，部下から信頼されるリーダーに成長するとともに，全従業員一人一人が何を目指して働くかを理解し，全員参加の活動ができるようにした（図表1.8）。

2つ目の「プロフィット管理」とは，数値管理の仕組みづくりと損益計算ができる責任者の育成を目指すものである。製造工程分析により標準作業や標準時間を決めて管理システムを構築して，計画的にコスト改善管理を実施していくのである。その目的は「お客様のための工場」となるべくコスト感覚を変革することであり，作業現場でムダな作業がないか，コストをかけるべきところはどこかなど，製造工程を客観的な根拠に基づいて分析するものである（図表1.9）。

3つ目の「スキル／教育訓練」については，責任者が若手従業員に対し目に見える形で技術・技能を伝え，若手の成長度合いを"見える化"することを目標としてスキルマップを作成した。主要な業務を分類してリストアップし，各業務や洗浄手順のマニュアルを整備していった。若手従業員は技能の習熟度を自己評価し，責任者が面談して技能レベルを点数化していく。その結果を基に年間の教育訓練計画を立案し，計画的に教育していく仕組みを構築した（図表1.10）。例えば，カルビスライスなどの食肉加工の場合，その包丁さばきは手の大きさや力の加減など，同じ動作であっても同じ技術レベルになるとは限らない。そのため，出来上がった商品が規格通りできているか，歩留まりはどうか，作業スピードは標準時間を超えていないかなど，客観的な項目で評価するようにした。

4つ目の「5S活動」については次項で詳述する。

1.4　5S活動で食品工場の基礎づくり

　叙々苑フードファクトリーの基礎づくりとして，5S活動（整理・整頓・清掃・清潔・躾）は，仕事の質や食品安全，作業能率を意識した作業方法を身に付けること，また良好なチームワークづくりや自主性・リーダーシップの向上を通じて，一人一人が仕事にやりがいや喜びを見出すようになることを主目的にしている。"叙々苑イズム"の基礎を理解し，行動できる人材を育成するためのベース活動として，全員参加で取り組んでいる。

　実際の5S活動では，まず整理から開始した。不用品リストを作成していらないものを廃棄し，作業場に生まれたスペースに錆びないプラスチック製パイプの棚を設置し，「手持ち基準表」を基に必要以上に物を置かないルールとした。さらに，「棚マップ」を作って表示し，定置化することで探す手間を省き，作業効率を向上させた。また，マスクやゴム手袋などの消耗品の発注時点・発注量を明確にすることで，欠品や過剰在庫を防ぐ仕組みを構築した。

　清掃・清潔に関しては，「清掃基準表」や写真付きでわかりやすい「洗浄手順書」を作成し，清掃の頻度・方法・使用する清掃用具を設定し，誰もが同じ品質で効率的に清掃・洗浄できるような仕組みを整えた。また，誰が，いつ，どこを清掃したかチェックできるような「清掃分担表」を作成した。

　5S活動の進捗状況を確認するため，毎年「5S改善発表会」を開催し，本社からも役員が参加している。5Sリーダーからは，「全員参加の意識付けや活動の時間確保に苦労したが，一人一人のアイデアや努力で，働きやすい安全安心な職場環境への変化が実感できた」などの発表があった。5S活動は毎年進化して，先入れ先出しの徹底だけでなく，洗浄手順を基にした衛生管理や

目的　☆ 仕事にやりがい，喜びを見出すようになること
　　　⇒ チームワーク／自主性／リーダーシップのレベルアップ

図表 1.11　5S活動の進化

リスクアセスメント手法を使った異物混入防止対策を取り入れて，理想の食品工場に向けてさらなる5S活動を推進している（図表1.11）。

このように，叙々苑フードファクトリーでは4つの改善活動を進めてきたが，会社の思いや経営方針を，管理者を含めた従業員がしっかり理解し，着実に成長している。将来的には，工場の管理会計を確立し，"人時生産性の見える化"に着手して，さらなるステップアップを図っていこうとしている。2015年にはこの改善活動を「游玄亭新宿店」でも実践し，現在は全店舗に活動を広めることで，理想の食品会社として成長を続けている。

2章　組織横断活動の必要性と「見える化」の工夫

2.1　組織横断活動ができない理由

　経営課題については1部門だけで解決できることは少なく，部門間にまたがっている場合がほとんどである。そのため，全部門が協力して対策をとっていかなければならないが，多くの食品企業はセクショナリズム（組織や集団間に見られる排他主義的傾向）によって，自部門だけで解決しようとし，組織横断プロジェクトを造るということはしない。また，関連部門からメンバーを選任した委員会やプロジェクトチームを編成したとしても，実際は，自部門内での活動と定期的なプロジェクト会議での実施報告が主体となっており，会議での報告資料づくりに多くの時間を費やしている。そのため，真の原因を究明したり，対策を考え実行する時間が少なく，計画どおりに実施されていないのが実情である。また，活動の主体が部門単位になってしまうことにより部門間に壁ができ，自部門の遅れやできない理由を他部門に責任転稼してしまう傾向もある。さらに，対策の進捗状況，効果確認のチェックやフォローアップがうまくできないことで改善のスピードが遅れてしまい，いくら会議を実施したとしても思うように解決できていない食品企業が多い。

　経営課題を解決するためには，関係部門，関係者間のコミュニケーションをとり，PDCAサイクルを回していくことが重要である。そのためにも，組織横断的に関係者が情報を共有でき，いつでも原因と対策を検討し，成果が確認できる場所と機会となるVM（見える管理）が重要なのである。

2.2　組織横断VMの必要性と推進手順

　関連部門がそれぞれの部門の役割，使命およびそれに伴う課題を明確にし，全部門，全員で課題解決するために「見える管理」（VM）を実施する。そのため，全体の活動計画を立案し，1つの場所で各部門の活動状況に関する情報の共有化を"見える化"する。そして，いつでも全体の進捗状況，問題点などを知ることができ，関連部門と連携をとりながら，確実かつ迅速にPDCAサイクルを回すことで管理するやり方が組織横断VMである。

　組織横断VMは，図表2.1のような手順で実施すると効果的である。

図表 2.1 組織横断 VM の推進手順

【手順1】組織横断 VM のテーマの選定

経営課題は数多くあるが，経営課題すべてを組織横断 VM のテーマとして設定するには大きなエネルギーが必要になる。そのために，まずはテーマを絞り込んだ方がよい。

テーマ選定のポイントは次のようなことである。

- 重要な経営課題
- 全部門が一丸となった解決を必要とする日常的な問題点
- 企業実績の向上に結び付く改善・改革

具体的なテーマ例としては次のようなものがある。

- 新規受注開拓，新製品開発
- 新規製品の受注→設計→量産化までのリードタイム短縮
- 納期遅れの撲滅
- コストダウン
- 不良・クレームの低減
- 在庫削減とリードタイム短縮　など

【手順2】各部門の役割・分担の明確化

経営課題は各部門にまたがる原因から発生することが多い。そのため，課題を解決するために各部門が何をすべきかを明確にしておくと，他部門への責任転嫁が防げる。また，それぞれの対策の取りまとめや実施状況をチェックする担当主管部門と，関係協力部門を決めておく。

【手順3】組織横断 VM ボードの設計・製作・設置

組織横断 VM では，どこに VM ボードを設置し，どのように PDCA サイクルを回していくかを決めることが重要である。そのため，VM ボードは各部門の関係者が集合しやすい場所に設置する（図表2.2）。可能であれば，会議室を VM ルームに改造して，部門間でいつでも打ち合わせができる環境にするとよい。

次に，現在使用している管理資料を VM ボードに貼って PDCA サイクルについて検証し，不

図表 2.2 組織横断 VM を実現した開発職場

備な点や不足する管理項目や情報があった場合には，管理資料を修正するか，新規の資料を作成する。管理資料を見直すポイントは次のとおりである。

- 各部門の具体的対策とその実施状況がわかるようになっているか
- 実施した結果，計画的に進まなかった点，問題点，成果が上がった点などが手書きで記入でき，いつでも振り返ることができるようになっているか
- 週次，日時で PDCA サイクルを回すことができるフォーマットとなっているか
- 他部門への依頼（協力要請）内容とその実施状況がわかるようになっているか

【手順4】運用ルールの設計

組織横断 VM ボードを設置したものの，単なる掲示板に終わってしまっていては成果が上がらない。そのため，次のような事項を明確にして，それに従って実行する（図表2.3）。

- 組織横断テーマの目的と目標
- 主管部門と管理責任者

テーマ		納期遅れの撲滅
運用ルール（原則：5W1H）		
目的		納期遅れを発生させている原因を究明し，関連するプロセスに関わる部門が対策を実施，協力しながら，納期遅れを発生させない体制を整備する
役割分担	主管部門	生産管理部
	関係部門	レシピ出図：開発部，原料・包装材調達：購買部，外部委託：生産管理部 製造：食品製造部，出荷：物流部
管理資料		開発日程管理表，原材料納期管理表，外部委託生産計画表，生産日程計画表，出荷計画表，変化点管理表，問題点対策管理表
ミーティング		毎日，朝礼開始前の15分間で，前日の納期状況の把握と今週及び本日の各部門の納期状況を確認し，遅れの可能性を見極め，対策を早めにとる
緊急対策会議		各部門において，納期遅れの可能性が発生した時点で，生産管理部に速やかに連絡，生産管理部は関係者を集め，対策会議を開催する

図表 2.3 組織横断 VM 運用ルール管理表

・管理する資料

・PDCAサイクルを回すメンバー，頻度，機会

・異常，問題点が発生した場合の対処方法　など

【手順5】VMによる管理業務の実施

運用ルールに沿って，組織横断VMボードの前で各部門責任者が話し合い，その場で決めたことを記述していく。各部門責任者は課題を持ち帰り，次回会合までに対策を実施する。

次に，部門間の組織横断活動の例として，研究開発部門と購買・外注管理部門でのポイントを示す。両部門とも，さらに詳しくは第6章で述べている。

2.3　研究開発部門を中心とした組織横断活動

研究開発部門における魅力的な新商品開発やVE（バリューエンジニアリング）[*1]に関する課題は，関係部門が協力してあたるべきである。しかし，多くの食品企業では組織間の壁によって，うまく機能していないケースが見受けられる。

これらの問題を解決するためには，関係部門，関係者間とのコミュニケーションを図り，PDCAサイクルを回すことが重要である。そのため，組織横断的に関係者が情報を共有し，いつでも原因と対策を検討することにより，成果が確認できる場所と機会を創る必要がある。

研究開発部門による組織横断活動の課題と関連部門を以下に示す。

[*1]　VE：Value Engineering，製品やサービスの価値を，それが果たすべき機能とそのためのコストとの関係で把握し，システム化した手順によって向上を図る手法のこと。

VMテーマ	管理項目	関連部門							
		営業	企画	開発	生管	生技	購買	製造	品質
魅力的な新商品開発	顧客のニーズ・期待抽出	◎	○	○					
	デザイン思考マーケティング	○	◎	○					
	新商品要素開発			◎		○			○
	原料メーカーとのコラボ			◎			○		
VE（バリュー・エンジニアリング）	A商品に栄養機能表示追加	○	○	◎					○
	原材料Bを原材料Cに変更			◎			○		○
	原材料Dのメーカー変更			○			◎		○
	生産ライン変更対応			○	○	◎		○	
・・・・	・・・・								
	・・・・								

◎：主管部門，○：関係・協力部門

図表2.4　研究開発部門の組織横断VMテーマ

図表 2.5 新商品企画案件進捗管理表

運用ルール：毎週月曜日9時から打合せ

製品群名称	開発No.	企画内容	ターゲット顧客	担当	担当メンバー	進捗状況	1月第1週	第2週	第3週	第4週	2月第1週	第2週	第3週	第4週	3月第1週	第2週	第3週	第4週
焼菓子	BAK10	スーパー・小売向けに、定番の焼菓子の香りを強くする商品を開発	スーパー・小売市場	主管部門	リーダー	予定				★	試食会		企画会議	☆	企画会議			
				開発	山崎	実績	新種の香料の調査・仮試作											
				協力部門	メンバー													
					購買、企画 加藤													
生サンド菓子	CAK05	通信販売向けに、生飴をサンドした菓子を開発	通信販売市場	主管部門	リーダー	予定				★	仮試作 試食会	★ DR	企画会議	☆	企画会議			
				商品企画	関根	実績	香料メーカーを変更											
				協力部門	メンバー		デザイン思考調査											
				営業、開発	山口													
高級焼菓子	BAK20	ホテル・旅館向けに、高級感の出るような食感・味の焼菓子を開発	ホテル・旅館市場	主管部門	リーダー	予定						DR	技術調査	企画会議		企画会議		
				開発	小林	実績	順調			マーケティング調査								
				協力部門	メンバー								パテントがネック、調査へ		☆			
				営業、企画	佐々木													
				主管部門	リーダー	予定												
					メンバー	実績												

特記事項（問題点、対策、処置、改善点など）

日付	案件No	問題点	対策	担当	実施結果
1月20日	BAK10	A社の香料を試したところ、魅力的な香料がなかった	購買に相談したところ、B社を紹介してもらい仮試作を実施した	山崎	試食会では、ほぼOKが出た(2/12)
2月20日	BAK20	パテント調査の結果、乳タンパク質を含有することによる食感改善は抵触する	乳タンパクではなく、リン脂質を用いる手段で、パテント回避の可能性がある	小林	別案で実現の可能性ありパテントもOK(3/10)

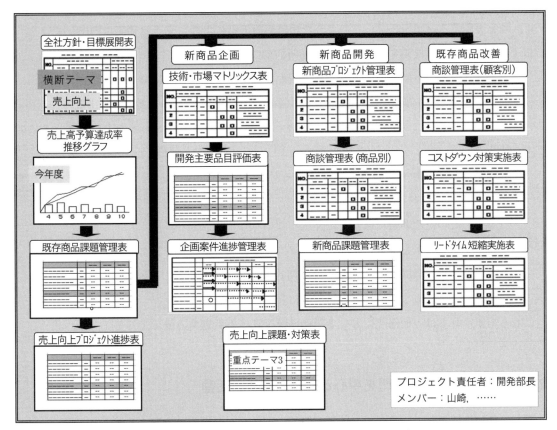

図表 2.6 XX 年度売上向上プロジェクト開発 VM ボード

- 魅力的な新商品開発：営業部門，商品企画部門
- VE：生産技術部門，購買部門，品質管理部門など
- 製品の品質向上：品質管理部門
- リードタイム短縮：全部門でコンカレントエンジニアリング[*2]を実施

これらの各部門に何を求めるべきかを明確にしておく。また，取りまとめや実施状況のチェックを担当する主管部門と，関係・協力部門を明確にする（図表 2.4）。

企業における新商品開発活動は，将来に向けて発展していくための重要な活動である。そのため，研究開発部門だけではなく，関連部門など総力を挙げた開発活動が必要になってくる。

そこで，「新商品企画案件進捗管理表」（図表 2.5）を活用して各部門の協力を得ながら企画を進め，VM ボードに掲示して，予定と実績，問題点と対策が目で見てわかるようにする。そして，定期的に関係者が集まり，コミュニケーションを図る。

また，売上向上プロジェクトにおける開発主体の組織横断 VM ボードでのテーマとして，①

[*2] コンカレントエンジニアリング：開発過程において，さまざまな開発段階を同時並行的に行う開発手法。開発時間が短縮されたり，各部門間の意思疎通が容易になるなどの利点がある。

新商品企画，②新商品開発，③既存商品改善の3つを掲げ，営業部門や商品企画部門とともにVM活動を実施する（図表2.6）。このような組織横断活動により，売上は確実に向上していく。

以下に，新商品企画を進めるための組織横断活動で考慮すべきポイントを示す。

- いつでも，誰でも新商品企画の進捗状況が確認できる場所にVMボードを設置する
- 新商品企画内容の管理ポイントが見やすくわかりやすいVMボードを設計する
- 会議室で実施していた新商品企画管理を，組織横断VMボードの前で実施するように変更する
- 経営トップも交じえ，組織横断VMボードの前で，問題点の抽出やコーチングを実施する
- 打ち合わせのための資料は新たに作成しない
- 実施した結果および対策の追加は，パソコンではなく手書きで日々更新する
- 関係者全員が組織横断VMボードを定期的にチェックすることを習慣化する
- 責任区分を明確にし，責任者は積極的に課題解決を図る

これらのポイントは，他部門における組織横断VMでも共通する事項である。

2.4 購買・外注管理部門を中心とした組織横断活動

購買・外注管理部門の組織横断VM活動は，以下のような手順で実施するとよい。

まず，購買・外注管理部門を中心とした組織横断活動の課題と関係部門を以下に示す。

- 納期遅れの撲滅：生産管理部
- コストダウン：研究開発部門，製造部
- 購入品・外注品の不良の低減：品質管理部門

VMテーマ	管理項目	関連部門						
		営業	設計	生管	生技	購買	製造	品質
在庫削減	製品在庫削減	◎		○			○	
	仕掛在庫削減	○	○	○	○	○	◎	○
	原材料在庫削減	○	○	○		◎		
コストダウン	原材料費低減		○		○	◎	○	○
	工程内加工費低減			○	○		◎	○
	外注加工費低減			○		◎	○	○
	製造経費				○		◎	
・・・・	・・・・							
	・・・・							

◎：主管部門，○：関係・協力部門

図表2.7 購買・外注管理部門の組織横断VMテーマ

2.4 購買・外注管理部門を中心とした組織横断活動

コストダウン対策・実施表　　　　　　　　　　　　　　　　　　　　　　　　　プロジェクトリーダー：購買部　山崎　　　　20XX年度

No.	製品名	購入種別	現状コスト	目標コスト	コストダウン案	完了予定日	担当部門	対策結果	対策完了日	結果コスト
1	漬物の素	外部委託	140円/個	110円/個	購買先（武田食品）のコストダウン		主管：購買部	購買先（武田食品）のコストダウン		115円/個
					①先方工場の生産管理/製造工程確認	6月末	生産管理部/製造部	①生産管理課長/製造課長が実施済	6月10日	
					②問題点の指摘/改善要請	6月末	生産管理部/製造部	②指摘/改善要請（8件）提示済（詳細は改善管理表参照）	6月12日	
					③先方と共同で改善案実施	7月末	生産管理部/製造部	③6件/8件完了（2件は実施中止）	7月15日	
								③工程検証後、再見積り実施	7月28日	
2	グルタミン酸ソーダ	購入	45円/kg	38円/kg	1. 複数社購買の取組み		主管：購買部	1. 複数社購買の取組み		38円/kg
					①発注候補選定	6月末	購買部	①発注候補選定済（3社）	6月15日	
					②候補先へ仕様提示、見積り依頼	6月末	購買部	②A社：40円/kg、B社：38円/kg	6月20日	
					③発注先の製造工程監査	7月末	品質保証部/購買部	③7月10日にA社、7月12日にB社を監査済	7月15日	
					④評価選定	7月末	品質保証部/購買部	④評価選定：B社に決定	7月25日	
					2. 原料のVE提案実施（2円/kg）	7月末	主管：開発部　開発部	2. 仕様変更の検討（2円/kg）　① ・・・・・・	7月28日	
					① ・・・・・・					
3										

図表 2.8　コストダウン対策・実施表

・在庫削減とリードタイム短縮：営業部門，生産管理部門など

　上記の課題について，各部門が何をすべきかを明確にしておく。また，それぞれの対策の取りまとめや実施状況のチェックを担当する主管部門と，関係・協力部門を明確にする（図表2.7）。

　コストダウン活動は，多くの企業において永遠のテーマである。コストダウン目標を達成するためには，原価が目標を上回ってしまったら，その要因を共通認識したうえで問題点を明確にし，各部門が協力しながら問題を解決していかなければならない。そのため，関係部門間における円滑なコミュニケーションが不可欠である。

　そこで，「コストダウン対策・実施表」（図表2.8）を活用して，各部門の協力を得ながらコストダウンを進めていく。組織横断VMを進めるうえで考慮すべきポイントは，前項の記述内容と同様である。

3章　理想の食品企業への到達点に向けて

3.1　理想の食品企業への変革

　理想の食品企業へ変革していくためには、「見える管理手法（VM手法）」を導入することにより、企業の全部門においてマネジメント力の飛躍的向上を実現するとともに、日常の管理・改善・改革活動の中でさまざまなイノベーション（革新）を推進していくことである。また、全部門における組織横断的な活動を実現することにより、セクショナリズムの古い体質から脱して、改善・改革を実現するためのマネジメント・イノベーションを引き起こすことができる。
　イノベーションの類型としては、下記の5つを挙げることができる。
　①プロダクト・イノベーション（商品革新）
　　顧客に新たな価値を提供する商品や、既存商品と異なる機能・性能を持つ商品、新技術を用いた商品などを生み出す。
　②テクノロジー・イノベーション（技術革新）
　　まったく新しい技術、改良した技術などを生み出すことであり、これによってプロダクト・イノベーションが実現されることが多い。
　③プロセス・イノベーション（生産プロセス／業務プロセス革新）
　　抜本的な生産工程・作業方法の改革・革新、管理・間接業務のやり方や手順の改革・革新などを図る。
　④マーケティング・イノベーション（マーケティング革新）
　　市場開発、顧客開拓などを実現するための抜本的なマーケティング・販売方法の改革・革新を図る。
　⑤マネジメント・イノベーション（マネジメント革新）
　　全部門において、従来の「見えないマネジメント」を「見えるマネジメント」とし、マネジメント力の飛躍的向上を図ることにより、質の高いマネジメントができる企業に変革する。
　マネジメント・イノベーションが実現されると、プロダクト、テクノロジー、プロセス、マーケティングの各イノベーションが加速していく。また、日常業務の中で質の高い改善と改革のサイクルの連鎖とスパイラルアップを図ることができる（図表3.1）。
　ここで、PDCAとCAPDo（キャップ・ドゥ）のサイクルについて解説する。PDCAとは、プロ

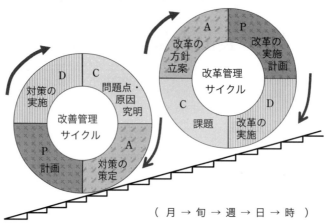

図表 3.1　改善・改革の管理サイクル

ジェクト管理や業務における品質や生産管理の改善手法の1つで，「計画（Plan）」「実行（Do）」「評価・分析（Check）」「改善（Act）」までの4つの活動を1つのサイクルとし，繰り返し行うことで継続的に改善活動を進める手法である。PDCAサイクルは，広く一般の業務改善やプロジェクト改善にも使われている。

しかし，PDCAは継続的に改善・改革のサイクルを回すには難しい場合がある。そこで，考え出されたのがCAPDoという手法で，PDCAの順番を変えて「Check」を最初にもってきた改善手法である。つまり，まず現状把握で課題を抽出し（C），次に改善・改革方針の立案を行い（A），実施計画を立てて（P），実施する（Do）というものである。CAPDoは，改善立案から施策の計画までの間に連続性があり，それによって改善・改革のサイクルが途切れることなく回るようになる。

3.2　マネジメント・イノベーションの推進

食品企業が理想の状態に到達するためには，①固有技術力，②管理技術力，③マネジメント力の三本柱が必要である。1つ目の固有技術力とは，原料，設備，工法，技能を駆使して商品を作る知識体系を持っていることであり，例えば食品企業の場合は，「食品学」「栄養学」「衛生学」「企画リサーチ」「バイオテクノロジー」「醸造技術」等を挙げることができる。固有技術力がないと，より良い製品をつくることができない。

2つ目の管理技術力とは，食品工場においては「工程管理」「品質管理」「作業管理」「資材購買管理」「外注管理」「商品開発管理」等であり，この管理技術力が高くないと「良い品質の商品」を「安く」「早く」「納期」までにつくれず，「より良いサービス」を提供することができない。

この固有技術力と管理技術力を最大限，効果的に発揮させて，食品企業の最終目標である収益増大と企業の発展を実現させるために，マネジメント力が必要となってくる。3つ目のマネジメント力とは，経営者・管理者・監督者が自らの役割・使命を認識し，人（部下，上司，同僚など）を動かしながら，より質の高い管理と改善・改革を絶え間なく実施し，業績を向上させることができる力のことである。つまり，マネジメント力の高い企業は，マネジメント力のある経営者と管理・監督者がいる企業ということになる。

　マネジメント力は，管理力・改善力・改革力・構想力・創造力・リーダーシップ・コミュニケーション能力・状況判断力・決断力などを包含したものである。食品企業の最大の問題点は，経営者・管理・監督者のマネジメント力が弱いということである。固有技術力と管理技術力の二本柱がしっかりしていれば，ライバル企業との競争に打ち勝つことができると思われがちであるが，3つ目のマネジメント力が弱いと十分な効果が発揮できず，理想の食品企業に到達することができないのである。

　特に最近ではIT（情報技術）の進展とも相まって，経営者のみならず若手の管理・監督者のマネジメント力は年々弱くなってきている。例えば，会社に来ても1日中パソコンの前に座ったきりで，人と会って打ち合わせをしたりすることが苦手な社員が多くなってきている。また，ムダな会議を長時間，頻繁に行っている食品企業も多く見受けられる。

　マネジメントは，ディスカッションやコミュニケーションを密にとりながらPDCAサイクルを回していくことである。「見えない」マネジメントだと，経営者，管理・監督者がどのようなマネジメントをやっているのかがわからないため，PDCAの質を高めていくことができない。「見える」マネジメントとは，「PDCAが見える」マネジメントのことである。すなわち，質の高いマネジメントができる管理・監督者が育成されることで，それに伴って食品企業の経営体質の改善・改革と業績の向上が実現されるようになってくるのである。

3.3　VMの導入によるマネジメント・イノベーションの実現

　食品企業にVM手法を導入し，「見える管理」を行うことによってマネジメント力の飛躍的向上が図られ，それと同時にさまざまなイノベーションが推進され，「理想の食品企業」を実現することができる。

　VMとは，「企業の全部門で"物の見える化""業務の見える化""管理の見える化"を推進し，マネジメントを構成する方針・目標管理，PDCAサイクルを回すプロセス管理など成果についてすべてを見えるようにして，全社一体の経営を行っていくマネジメント手法」のことである。

　したがって，VMを企業に導入するときには，全社的な展開とすることが多い。図表3.2に示したように，営業VM，開発VM，管理・間接VMなどの部門VMや戦略VM，収益VM，組

3章 理想の食品企業への到達点に向けて

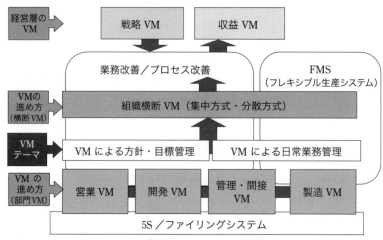

図表 3.2 VM の体系図

織横断 VM を実施するために，通常，VM ボードを活用し，会議室での会議やパソコンによる指示・命令・報告・依頼などは極力減らすようにする。すなわち，重要な管理業務については，VM ボードをディスカッションやコミュニケーションのツールとして活用し，PDCA サイクルを回していく。

VM ボードによるマネジメントの利点は以下のとおりである。

・部門の過去，現在，将来におけるマネジメントの概要が容易にわかる
・マネジメント全体および業務の相関関係と因果関係が容易にわかる

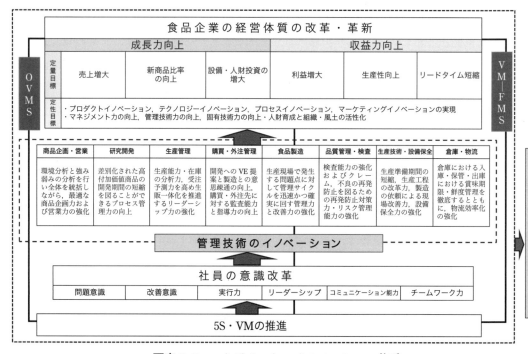

図表 3.3 マネジメント・イノベーション体系

・目標の達成状況と計画の進捗状況，異常，問題点，重点課題が容易にわかる
・仕事のプロセス，特に PDCA がよくわかり，レビューとコーチングにより質的レベルアップを図ることができる
・総合的視野から迅速で的確なマネジメントができる

　食品企業の各部門でマネジメント・イノベーションを実現するためには，重要な管理業務を VM ボードで"見える化"して，変革すべきマネジメントの内容について明らかにするとよい。マネジメント・イノベーションの体系を図表 3.3 に示したが，その中ほどの 8 つの部門のところに書かれている内容は，「理想の食品企業への到達点」として実現すべきマネジメントのあり方を要約したものである。6 章で，この 8 つの部門における，品質改善と収益向上のためのマネジメント・イノベーションの方法を詳述している。

　VM ボードによるマネジメント・イノベーションの推進によって，マネジメント力・管理技術力・固有技術力の向上などの目標を達成することができる。そして，さらに理想の食品企業になるためには，全社的に 5S を含む VM 活動を推進して業務改善／プロセス改善を実施するとともに，OVMS（Office Visual Management System：見える事務システム）と VM-FMS[*1]（見えるフレキシブル生産システム）を構築することが必要であり，これによって全社員の意識改革が図られ，企業の成長力と収益力が向上し，最終的に経営体質の改革・革新が実現するのである。

[*1] FMS：Flexible Manufacturing System，多様化した消費者ニーズに合わせ，多品種少量・短納期受注生産などに対応する柔軟な生産システムのこと。

3.4　生産プロセス・イノベーションに向けて

　先に 3.1 項で，「プロセス・イノベーション」をイノベーションの類型の 1 つとして紹介したが，ここでは食品工場としての技術革新について詳細に述べてみたい。

　現在，ドイツでは，ロボット技術やコンピューターなどの人工知能，またインターネットやデジタル・IT 技術などを組み合わせて，より高次元の進化した"もの創り"を目指す取り組みが急速に進んでいる。最新のロボットやデジタル・ネットワーク技術などを活用した革新を「第 4 次産業革命」と呼んでいるが，ドイツ政府は国の総力を挙げて『インダストリー4.0』と呼ばれるメガ・プロジェクトを進めることにより，製造業の高コスト体質の一掃に挑戦している。具体的には，生産工程のデジタル・ネットワーク化や自動化，工場間の連携強化を現状よりも大幅に向上させることで，コストの極小化を目指している。「自動化」というのは，"工場が自ら考えて行動する，自律化＝スマート工場（自ら考える工場）"というもので，その開発を視野に入れているのである。

　このスマート工場は，生産施設をネットで結ぶことでインターネットの最大の特徴であるリア

ルタイム性を活かして，生産拠点や企業間の相互連携・反応性を飛躍的に高めるものである。具体的には，各製造工場が，ネットワークを介して伝達される情報に対して，材料・部品の供給活動やそれらに基づいた生産行為を迅速に，自律的に行うのである。現在は主に自動車関連産業で進められているが，将来的には食品工場でも適用されることになるであろう。

例えば，食品製造工場において，ある原料の在庫量が一定の基準を下回ると，その情報が自動的に原料メーカーに伝わり，原料工場では即座に原料を食品製造工場に供給する。各々の取引に関する決済等もITシステムが記録，処理していく。この一連の作業にはマンパワーは関与せず，購買担当者が原料メーカーに電話やメールなどで注文する必要がなくなる。

またスマート工場では，生産稼働状況を高水準に維持するために，設備のあらゆる場所に設置された各種センサーが設備異常や性能低下などを感知すると，メンテナンス・システムがこれに対応して自動的に問題箇所を補修・修理する。すなわち，スマート工場では，人間の関与を劇的に削減することが可能となるため，作業ミスが減り，大幅に人件費を削減できるのである。

3.5 労働人口不足と食品機械の発展

我が国の15〜64歳の生産年齢人口は，2013年12月時点で7,883万人であり，今後の予測では，2060年には4,418万人まで大幅に減少することが見込まれている（図表3.4）。このため，すでに食品業界では人手不足が顕在化しており，大きな問題となっている。これに対処する方法と

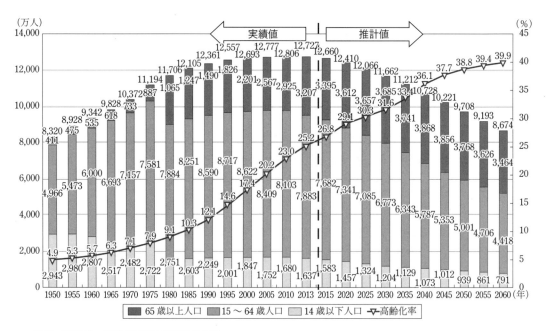

出典：総務省，平成26年版 情報通信白書

図表3.4 我が国の高齢化の推移と将来推計

して，従業員の有効活用を図るため，全部門での「マネジメント・イノベーション」の推進が欠かせない。一方で，労働集約型の「生産プロセス・イノベーション」として，食品機械の採用も欠かせない。

食品業界では，省力化による人件費の削減や歩留まり向上による採算の改善が至上命題となっている。さらに，多くの食品メーカーでは新興国での需要増による原料価格の高騰に悩まされ，価格に転嫁しようにもなかなか値上げには踏みきれない。そこで，食品企業が自助努力で利益を生み出すための1つの手段が，「生産プロセス・イノベーション」としての食品機械の活用による作業工程の自動化である。

食品機械の対象分野としては，以下のようなものがある。

○精米麦機械・製粉機械　○製麺機械　○製パン/製菓機械　○乳製品加工機械
○飲料加工機械　○肉類加工機械　○水産加工機械　○野菜加工機械
○食料調理・加工機械/豆腐用機械/厨房機械　○鮮度管理・品質保持機械
○乾燥機　○発酵/醸造用機械　○食品衛生管理機器・装置・資材　○計量/包装機
○環境対策機器　○分析/検査機器装置　○搬送/輸送機器

上記のように，食品機械は多岐にわたっており，日本食品機械工業会の統計資料によると，製パン/製菓機械と乳製品加工機械の比率が高いことがわかる（図表3.5）。

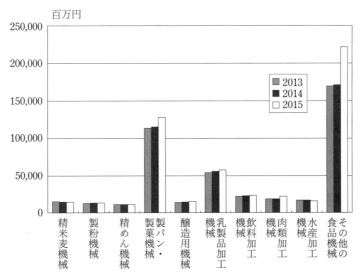

出典：日本食品機械工業会，2015年食品機械調査統計資料

図表3.5 食品機械の国内販売額推移

4章　リスクベース思考で異物混入を撲滅

4.1　食品企業における異物混入問題とリスクベース思考

　食品企業を悩ませる回収事例で最も多いのが，異物混入である。これに対してまず基本となるのが，未然防止策である。そして，新たな手法を随時取り入れながら，地道に対策を講じることが求められる。しかし，どんなに一生懸命努力してもクレームが発生し，回収に至ることもある。これに関しては，クレームを寄せたお客様やマスコミへの不適切な対応から回収が大規模になるケースも見られる。このようなことから，異物混入が発生してしまったら，どのような対応・原因究明・再発防止策を講じるかが大切といえる。

　筆者は，食品企業の異物混入クレームおよび回収件数を少しでも減らすためのヒントを提供したいと考え，①未然防止策，②危機管理対策，③原因究明と再発防止策の3点から，診断やコンサルティングを実施してきた。この章では，どの食品企業でも適用できるような，異物混入対策における"リスクアセスメント手法"，"なぜなぜ分析"，"異物混入防止パトロール"などの手法を用いたコンサルティングの事例を紹介する。

　2015年9月中旬に，ISO9001（品質マネジメントシステム）の規格が大きく改訂された。その改訂の主要な項目の1つが，"リスクベース思考"の導入であり，以下のように解説されている。

　　「ある組織については，不適合の製品及びサービスを引き渡した結果として，顧客に軽微な不都合をもたらすことがあり，別の組織については，その結果が広範に及び，致命的なものになることがある。つまり，"リスクベースの思考"とは，リスクを定性的に（また，組織の状況に応じて定量的に）考慮することを意味している」

　また，「品質マネジメントシステムの計画を策定するとき，組織は，取り組む必要があるリスク及び機会を決定し，取組まなければならない」とも記述されている。これは，"従来の品質管理にリスクマネジメントを取り入れるべき"との潮流であり，自動車業界や航空機業界ではいち早く，品質管理にリスクマネジメントを取り入れてきた経緯がある。今回ISO9001に取り入れられることにより，広くリスクマネジメントの考え方が普及すると思われる。

4.2　異物混入対策へのリスクアセスメントの活用

　リスクアセスメントとは，リスク分析と評価からなる（図表4.1）。リスクマネジメントは，リ

スクを組織的に管理（マネジメント）し，損失などの回避または低減を図るプロセスであり，リスクアセスメントとリスク対応とからなる（JIS Q 31000「リスクマネジメント―原則及び指針」参照）。リスクマネジメントは各種の危険による不測の損害を最小の費用で効果的に処理するための経営管理手法であり，従来から，労働安全や情報セキュリティの分野で活用されてきた。

筆者は，"リスクアセスメント手法"による食品企業の異物混入対策への活用を考えた。その経緯は，近年多発している食品業界での異物混入騒ぎにある。例えば，2013年12月に発生した"冷凍食品への農薬マラチオンの意図的混入"，2014年12月に発生した"インスタント麺への昆虫混入"，2015年1月に発生した"ハンバーガーへの金属異物混入"などである。これらの異物混入はマスコミにも大きく取り上げられ，社会問題化したことは記憶に新しい。

このようなことから，食品の異物混入においてリスクアセスメントを導入し，リスク対応を図るべき項目を絞り，重点的に実施していくべきと考えた。

混入異物の種類により，影響が大きいものや小さいものがある。これらの影響の度合いを"重篤度"と呼ぶ。また原料由来や食品工場内で混入する異物に関して，異物が発生しやすいものと発生しにくいものとでは，"発生頻度"の観点で大きく違う。この"重篤度"と"発生頻度"の組合せを"リスク"とするのである。

まず，異物混入に関する"重篤度"について詳しく見てみる（図表4.2）。重篤度レベル4（致命的）に相当する異物は，薬物，大きな虫，大きな（7mm以上）金属などが挙げられる。重篤度レベル3（重大）に相当する異物は，小規模の金属，中程度の虫，アレルゲン製品などが挙げら

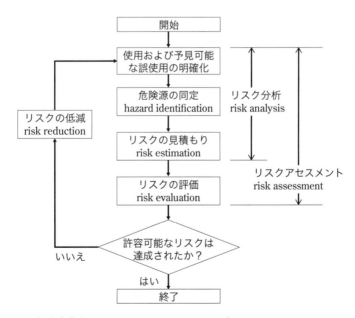

経済産業省：リスクアセスメントハンドブック
http://www.meti.go.jp/product_safety/recall/risk_assessment.pdf

図表4.1 リスクアセスメントのプロセス

	レベル	定性的基準	影響の程度
重篤度	4	致命的	消費者に精神的・物理的に重大な危害を加え，被害が回収を伴うなど甚大で，中間顧客が当社に対して取引停止の可能性あり 例：薬物混入，大きな虫混入，大きな金属異物混入，ノロウイルス大量発生など
	3	重大	消費者の精神的・物理的な被害が大きく，回収の可能性が高く，中間顧客の当社への信頼が損なわれる 例：小規模の金属異物混入，中程度の虫混入，アレルゲン製品混入，カビ発生，表示関連のミス，賞味期限印字間違い又は無しなど
	2	中程度	消費者の精神的・物理的な被害は中程度で，繰り返せば中間顧客の当社への信頼が損なわれる 例：毛髪混入，他の製品混入，ビニール片混入，小さい虫混入など
	1	軽微	クレームではあるが，顧客担当者レベルで解決し，当社への信頼は変わらない 例：同種の変色したものの混入，同種の欠けたものの混入など

	レベル	定性的基準	定量的基準（参考）
発生頻度	4	しばしば発生する	2～3件程度/年
	3	まれに発生する	1件程度/年
	2	起こりそうにない	1件程度/3年
	1	まず起こり得ない	1件程度/10年

図表4.2 異物混入リスクの評価基準

れる。また重篤度レベル2（中程度）に相当する異物は，小さい虫，毛髪，他の製品，ビニール片などが挙げられる。重篤度レベル1（軽微）に相当する異物は，同種製品の変色したもの，欠けたものなどが挙げられる。

もう1つの基準である"発生頻度"についても見てみる（図表4.2）と，発生頻度レベル4は1年に2～3件程度，レベル3は1年に1件程度，レベル2は3年に1件程度，レベル1は10年に1件程度である。

重篤度および発生頻度の評価基準の内容は食品企業の実情によって違うので，筆者は依頼企業の概略を調査したうえでリスク診断用の評価基準を決めている。また，これらの評価基準は，顧客要求度や外部環境，工場管理レベルなどの内部環境の変化によって変わるものである。

4.3 異物混入リスクアセスメントとリスク対応の手順

重篤度と発生頻度によってリスク評価基準を定めたら，食品別に異物混入の発生事象（発生していなくても重篤度の高い事象は取り上げる）をリストアップして，該当工程を明確にして"異物混入リスクアセスメントシート"に記入していく（図表4.3）。取り上げる基準としては，異物混入クレームや工程途中で発見された異物混入を調査したり，想定される重篤度の高い異物をブレー

異物混入リスクアセスメントシート（炊飯工場）

20XX/2/1　会社名　○○食品(株)　承認／作成

No.	分析 結果（事故） 発生事象	分析 要因（ハザード） ライフサイクル該当工程	分析 要因（ハザード） 内容	分析 要因（ハザード） 原因	評価 重篤度	評価 発生頻度	評価 リスク値	対応 有無	対応 No.	リスク軽減方法	再評価 重篤度	再評価 発生頻度	再評価 リスク値
1	黒色異物	洗米工程	ポンプ・配管内の米糠油	清掃不足（分解洗浄の必要あり）	3	4	12	有	①	定期的な分解洗浄（3ヵ月毎）	3	2	6
2								有	②	洗米機を改造して，洗剤を循環させて洗浄する（要調査）	3	1	3
3	黒色異物	送米工程	配管内の米糠油	清掃不足（分解洗浄の必要あり）	3	2	6	有	①	管理者による清掃状態のチェック	3	1	3
4	洗浄用ブラシの毛・プラ片	洗米・送米の洗浄工程	洗浄時に欠けて混入	洗浄用ブラシの確認不足	3	3	9	有	①	洗浄用ブラシの確認教育管理者によるチェック	3	1	3
5	黒色異物	炊飯工程	釜・蓋に米の焦げの残り	洗浄不足確認不足	3	3	9	有	①	洗浄・確認の教育管理者によるチェック	3	1	3
6	金属異物	炊飯工程	釜・蓋の打痕時にササクレとなり欠けて混入	釜・蓋の取扱い不良，確認不足	4	3	12	有	①	釜・蓋の取扱い教育管理者によるチェック	4	1	4

図表4.3 異物混入リスクアセスメントシート

ンストーミング[*1]でリストアップしていくとよい。

次に，その異物混入の内容と原因について，項目ごとに重篤度と発生頻度の点数を評価基準に従って記入し，リスク値を算出する。リスク値は，【重篤度×発生頻度】で表す。すなわち重篤度がレベル4で，発生頻度がレベル3であると，リスク値は12点となる。

リスクアセスメントの評価基準によって，診断・調査してシートを作成・検討することが異物混入リスク診断となる。この診断結果を経営層に報告する際に，異物混入リスクをどこまで許容できるかの判断基準として"しきい値"を決めておくとよい。例えば"しきい値"が5点の場合，リスク値は4点以下になるまで軽減対策を実施することになる。診断報告時にリスクの内容を報告しながら"しきい値"を決定する場合もある。

"しきい値"よりリスク値が高い項目については，そのリスク軽減方法を関係者で話し合い，記入していく。このとき，原因が複数あれば，それぞれに対策を記入していくとよい。また，根

[*1] ブレーンストーミング：ある問題やテーマに対し，参加者が自由に意思を述べることで多彩なアイデアを得るための会議法。

本的な対策が高額な設備投資になると思われる場合，まずはソフト面から，人的対策を考えるとよい。

次に，対策が実施された場合の重篤度と発生頻度を再評価してリスク値を算出し，許容数値以下に下がっているかどうか確認する。許容数値以上であれば，対策が不十分ということなので再度対策を練り直す。

4.4 "なぜなぜ分析"と異物混入防止パトロールの活用

リスク軽減方法を立案するに当たっては，"なぜなぜ分析"が効果的な手法として挙げられる。"なぜなぜ分析"とは，その問題を引き起こした要因に対し"なぜそうなったのか"を提示し，さらにその要因を引き起こした要因に対して"なぜ？"の提示を繰り返すことにより，その問題に対する真の原因を追究し，効果的な対策を導き出すものである。

ここで，「カット野菜に虫の異物混入発生」における"なぜなぜ分析"の事例を紹介する（図

クレーム内容		カット野菜に虫の異物混入	担当者	山崎	主管部門	製造部 包装課
要因の分析	現 象	Gスーパーに納めたカット野菜のパックについて，購入した消費者から虫の異物混入のクレームがあった。返品された製品を調べたところ，キャベツの中に黒い飛翔虫が入っていた。				
	なぜ（1回目）	カット野菜パック後の検査で判別できたが，見落としてしまった。				
	なぜ（2回目）	カット野菜をパックする作業者が作業時に判別できたが，見落としてしまった。				
	なぜ（3回目）	キャベツを流水で洗浄する工程があるが，2枚重なったまま流してしまい，葉の間に虫が挟まって取れなかった可能性がある。				
	なぜ（4回目）	キャベツの加工ロットでは，特に虫の発見が多かったが，通常通りの工程で流してしまった。				
	なぜ（5回目）	キャベツの購買担当者は，業者に対して虫の混入が多いと思われる場合は，当社に連絡するという指示を出していなかった。				
	原因と対策	真の原因・間接的な原因		対　策		
		カット野菜パック後の検査者の見落とし		検査者の定期的な異物発見能力チェック実施		
		カット野菜をパックする作業者の見落とし		作業者の定期的な異物発見能力チェック実施		
		キャベツの流水洗浄工程のルール不徹底		キャベツ流水洗浄工程ルールの教育徹底		
		キャベツの虫が多いロットでの対応不足		キャベツに虫が多いロットでの対応の徹底		
		購買担当者の虫に関する業者への指示不足		購買担当者による虫に関する業者への指示徹底		
対策スケジュール	対策実施項目		4月	5月	6月	7月	8月
	検査者の定期的な異物発見能力チェック実施		→→	完			
	作業者の定期的な異物発見能力チェック実施		→→	完			
	キャベツ流水洗浄工程ルールの教育徹底			→→	完		
	キャベツに虫が多いロットでの対応の徹底			→→	完		
	購買担当者による虫に関する業者への指示徹底				→→	完	

図表4.4 なぜなぜ分析対策表

表 4.4)。これによると，"なぜ"を 5 回繰り返すことにより，作業者・検査者・購買担当者など複数の対象に対して多面的な原因分析ができ，それぞれについて対策を立案することにより，発生頻度が著しく低下した。この"なぜなぜ分析対策表"には，対策スケジュールの実施状況を確認する仕組みも含まれている。

リスク軽減方法を実施したら，次に重要なのが継続性である。つまり，製造部門においては定期的に作業者に"異物混入リスクアセスメントシート"を用いて，リスク軽減方法を教育する必要がある。次に，"異物混入防止パトロール"を導入して，確実に対策が実施されているかどうかを，管理者は毎月，「異物混入防止パトロールチェックシート」（図表 4.5）で確認する。異物混入防止パトロールの結果，問題なければ〇，実施していなければ×，一部不十分であれば△をチェックシートに記入して，△と×の場合は注意事項ないしは対策事項を記入する。

△と×の項目では再度作業者を教育し，場合によっては翌月まで待たずに頻繁にパトロールを実施する。このように，"なぜなぜ分析"と異物混入防止パトロールを効果的に実施することで，異物混入リスクを減らすことができる。

No.	分析				リスク軽減方法	20XX年					
	結果（事故）	要因（ハザード）				4月3日 山崎	5月	6月	7月	8月	9月
	発生事象	ライフサイクル該当工程	内容	原因							
1	黒色異物	洗米工程	ポンプ・配管内の米糠油	清掃不足（分解洗浄の必要あり）	定期的な分解洗浄（3ヵ月毎）	〇					
2	黒色異物	送米工程	配管内の米糠油	清掃不足（分解洗浄の必要あり）	管理者による清掃状態のチェック	〇					
3	洗浄用ブラシの毛・プラ片	洗米・送米の洗浄工程	洗浄時に欠けて混入	洗浄用ブラシの確認不足	洗浄用ブラシの確認教育 管理者によるチェック	〇					
4	黒色異物	炊飯工程	釜・蓋に米の焦げの残り	洗浄不足 確認不足	洗浄・確認の教育 管理者によるチェック	△ 洗浄不足有					
5	金属異物	炊飯工程	釜・蓋の打痕時にササクレとなり欠けて混入	釜・蓋の取扱い不良 確認不足	釜・蓋の取扱い教育 管理者によるチェック	〇					

会社名　〇〇食品(株)

図表 4.5　異物混入防止パトロールチェックシート

4.5 異物混入における再発防止対策の徹底

　食品会社では，過去に異物混入クレームがあってもその場限りの対応に終始して，結局再発防止機能が働かず，同様の異物混入クレームが再発するという悪循環を繰り返しているケースが多い。この原因としては，一過性の対策に終始して継続的な取り組みが実施されない場合と，真の原因を把握せずに対策を実施した場合が考えられる。継続的に対策が実施されないのは，クレーム発生工程別に一覧表を作成して，それに基づき維持されているかを定期的に確認していないからである。人間は忘れやすいので，重大クレームでも1年もたてば，現場作業者は対策事項を意識しなくなってしまうものである。

　前述したように，リスクアセスメント手法は，一般的に未然防止に利用されることが多いが，筆者は，クレームが発生した際，工程別に「異物混入リスクアセスメントシート」で記録に残すように指導している。この手順を以下に示す。

　1) 異物混入の発生事象と該当工程を記入する。
　2) 清掃不足などの一次発生原因を記入する。
　3) クレーム発生による悪影響の重篤度と発生頻度を評価し，数値を記入する。このとき，発生頻度はクレーム件数だけではなく，厳しく見て最終検査工程での不良発見件数も追加するとよい。
　4) 重篤度と発生頻度を掛け合わせて"リスク値"を算出する。
　5) リスク値がある一定以上の数値の場合，リスク軽減として再発防止対策を実施する。その際に"なぜなぜ分析"を実施すると，より確実な対策がとれる。
　6) 対策が実施された場合の重篤度と発生頻度を再評価してリスク値を算出し，許容数値以下に下がったかどうか確認する。許容数値以上であれば対策が不十分ということなので，再度"なぜなぜ分析"を検討し直す。
　7) 継続して再発防止対策が実施されるように，定期的に作業者に"異物混入リスクアセスメントシート"を用いて教育し，また管理者は確実に実施されているかどうかを"異物混入防止パトロール"で確認する。

　これらの手順を組織的に着実に実施していけば，再発防止対策は効果的に機能して，異物混入クレームは減少する。

4.6 毛髪混入防止対策

　食品工場における異物混入においては，頭髪，まつ毛，眉毛など毛髪混入が特に多く，この防止手段は永遠のテーマとなっている。日本人の一般成人では頭部に約10万本の毛髪があり，抜

け代わりの周期から計算すると，1日に約50～60本の毛髪が抜け落ちるというデータがある。毛髪は寿命で抜けたものや，すでに落下していたものが着衣や持ち物に付着して異物混入となる。このことから，対策としては製造場内に「持ち込まない」，製造場内で「落とさない」対策を実施することが基本となる。また，フケには黄色ブドウ球菌が含まれており，これが食品に混入して増殖すると急性食中毒を引き起こす恐れもある。

まず，「毛髪を持ち込まない」ためよく実施する手段として，洗髪とブラッシングでの抜け毛除去が効果的である。この対策は，男女の区別なく実施してもらうようにする。

次に，「毛髪を落とさない」ためには，作業着や帽子で毛髪を覆うようにすることである。また，作業着や帽子と，毛髪が付着していそうなものとを接触させないようにする。そのために，会社での一斉クリーニングの実施や，私服と作業服を分けてロッカーに入れるなどすると効果的である。帽子の役割は重要であり，完全に頭髪を覆うためにはインナーネットを付けてから頭巾型の帽子をかぶるとよい。

さらに，作業着や帽子に毛髪が付着することもあるので，それらに粘着ローラーを掛け，エアシャワーを通過して付着した毛髪を除去する。粘着ローラーは掛け漏れを防ぐために2人でペアになり，背中など取りにくいところをお互いローラー掛けするとよい。また，相互チェックで帽

点検者：品質保証 山崎／点検エリア：第1工場		点検日：20XX年10月20日	
No.	チェック事項	判定	状況
1	毎日，洗髪しているか		
2	出社前にブラッシングしているか		
3	作業服は会社での一斉クリーニングを実施しているか		
4	ロッカーは私服と作業服をわけて入れる構造か		
5	ローラー掛けの手順の掲示があるか		
6	ローラー掛けの手順を定期的に指導しているか		
7	ローラー掛けは2人ペアで実施しているか		
8	姿見は大きく全身が映るようになっているか		
9	インナーネットを使用しているか		
10	帽子が緩くて毛髪がはみ出ていないか	△	帽子が緩い人が2人いた
11	静電気が起きにくい衣服を着用しているか		
12	エアシャワーの設定時間は適切か		
13	エアシャワー内での体の回転等は適切か		
14	エアシャワーが停止する前にドアが開かない構造か		
15	作業中に衣服に付着した毛髪を取っているか		
16	作業者は必要以上に動かないようになっているか	×	無駄な移動が多い，動線改善
17	製品や仕掛品を開封で放置していないか		
18	開封状態のものを低い位置に置いていないか		
19	毛髪除去の清掃を実施しているか		
20	毛髪を発見しやすいように十分な照度があるか	△	検品工程で照度不足
21	作業工程分析で毛髪混入しやすい工程を特定しているか		
22	上記工程を作業者に周知して，改善しているか		

図表4.6 毛髪混入防止チェックリスト

子からの毛髪のはみ出しがないことを確認する。作業従事者に対して，毛髪混入対策の説明会を開くことも重要である。

エアシャワーは細かい塵埃を除去するためのものであり，毛髪が十分に除去できない可能性があるので，設定時間を長くし，全身に漏れなく風が当たるように手を挙げ，体を回転するよう指導する。また，静電気は毛髪除去に障害となるので，従来の静電気を除去する"のれん"などに加え，最近は静電気の帯電を防止する着衣も普及しているので工夫したい。

工場内に入ってからも，たとえ作業着や帽子をルールに従って着衣・着帽したとしても，毛髪は作業中にそれらの隙間から落下することがある。そのため，帽子が緩まないようにすべきであり，また2時間ごとに第三者が作業者をローラー掛けして回ることもよく実施されている。また，製造場内に落下した毛髪の除去を徹底する。その際，集まった毛髪本数を公表すると作業者の意識付けにもなる。図表4.6に「毛髪混入防止チェックリスト」の例を示した。

また，作業工程に沿って毛髪混入のリスク分析を実施すると，どの工程で毛髪が混入する可能性が高いのかが分析できる。図表4.7の事例は弁当製造工程の分析対策表であり，これから毛髪混入の点で特に注意すべき工程を明確にして作業者に周知するとともに，毛髪混入のないよう改善していくのである。例えば，監督者や作業者にビデオを見せながら毛髪混入の可能性のある行為を認識してもらい，改善事項について話し合うと毛髪混入防止意識が高まり，効果が得られる。

	工程：弁当製造工程		分析者：製造部　山崎班長			20XX/10/20
	工程	毛髪混入危害	可能性	原因	現状実施事項	対策事項
1	弁当本体・蓋受入れ	製品及び袋に付着	2	業者の製造管理不備	目視・拭き取り	購買先点検・製造記録確認
2	弁当本体・蓋仕分け袋入れ	仕分け袋の毛髪混入	1			
3	弁当本体・フタ袋出し	〃	1			
4	ご飯盛り・均し	髪の毛，体毛落下	2	衣服帽子からの落下	目視・粘着ローラー	第三者による目視・粘着ローラー確認追加
5	ご飯放冷	〃	2	放冷時に毛髪落下	目視チェック	〃
6	惣菜盛付	〃	2	衣服帽子からの落下	目視・粘着ローラー	〃
7	蓋セット	〃	2	蓋の裏面に毛髪付着	目視チェック	〃
8	専用化粧箱に入れる	〃	1			
9	金属探知機検査	〃	1			
10	検品梱包	〃	1			
11	出荷・配送	〃	1			
	可能性　3点：発生する可能性が高い，2点：発生する可能性がある，1点：まず発生しない					

図表4.7　毛髪混入危害分析対策表

4.7 設備に起因する異物混入対策

　食品工場における異物混入としては，設備に起因するものも多い。設備に関する異物はさまざまなものがあり，サビ，カビ，破損などのほか，洗浄不足による異物付着などは菌数増加やアレルゲン残留の大きなリスクを伴うことがある。これらをチェックリストにしたので参照されたい（図表4.8）。

　設備に起因する異物混入対策では，製造現場で混入に至る原因となった設備の管理が重要となる。そのため，異物混入対策は現場に即したものであることが重要である。これを手順化すると以下のようになる。

　1）管理対象となる異物について理解する
　2）異物混入発生の要因を現場で調査する
　3）設備の初期改善を実施する
　4）記録に基づく検証と継続的な教育訓練を実施する
　5）設備の洗浄・点検などのルールの文書化・体系化を図る

　上記の手順に基づいて，異物混入防止のPDCAサイクルを回していくとよい。

点検者：品質保証 山崎／点検エリア：第1工場		点検日：20XX年10月20日	
No.	チェック事項	判定	状況
1	異物源となりうるものはないか		
2	サビ・塗装剥がれはないか	×	○○設備に塗装剥がれあり
3	汚れ，カビはないか		
4	破損・不適切な補修はないか（ガムテープなど）		
5	金属の擦れ等はないか		
6	製品に直接接触するところは材料証明をとっているか		
7	清掃・洗浄がしやすい構造になっているか	△	○○設備に洗浄しにくい箇所あり
8	清掃・洗浄で汚れが取れにくい場所はないか		
9	アレルゲン物質使用後の洗浄方法は適切に実施しているか	△	作業手順書が一部不明確
10	清掃・洗浄マニュアルがあり，その通りに実施しているか		
11	清掃・洗浄後に定期的にふき取りチェックをしているか		
12	故障はないか，作動状況に問題はないか		
13	始業前点検項目，手順は決まっているか		
14	定期点検項目は決まっているか		
15	定期交換部品（パッキンなど）と交換周期は決まっているか		

図表4.8　食品加工設備点検チェックリスト

4.8 異物混入における危機管理対応

重大な異物混入が発生した際の重要な観点の1つに、"的確で迅速な危機管理対応"がある。実際に、2013年に発生した"冷凍食品への農薬マラチオンの意図的混入事件"においては、以下のような対応が問題を大きくしたと言われている。

- 12月27日にマラチオンの検出結果が出ていたのに、発表は29日午後5時と遅れたこと
- マラチオンの健康被害予測を軽く見積もったこと
- 回収発表にPB（プライベートブランド）商品の販売者名を公表しなかったこと

そこで、具体的な危機管理対応のポイントについて以下に示す。

- 緊急対策本部の設置
- 事件・事故への迅速な対応
    - 負傷者や被害者に対しての救助が最優先
    - 被害の拡大防止
- 負傷者や被害者に対してのお詫びとお見舞い
- マスコミを通しての世間への報道
- 行政機関への報告と指導内容への対応
- 事実関係・原因の特定

重大なリスクの項目としては、①食品法規制遵守不履行、②外部および内部からの意図的な異物混入、③原料由来または設備不具合による異物混入、④菌増殖による食中毒などがある（図表4.9）。これらが発生したときに、初期対応が遅れたり、組織が意図的な情報隠ぺいをしてそれらが後で発覚した場合には、企業の存続が危うくなるケースもありうる。

また、危機管理対応がスムーズにいくように、連絡網や実施事項をフローチャート等で明確に

		食品企業の対応によるリスク変化		
		予防不十分による発生	初期対応の遅れ	組織の意図的な情報隠ぺい
重大なリスク	食品法規制遵守不履行	・表示ミス ・賞味期限切れ商品提供	行政介入による処分	・食品偽装 ・表示偽装
	外部および内部からの意図的な異物混入	異物混入による健康危害発生	異物混入による大量の健康危害発生	—
	原料由来又は設備不具合による異物混入	異物混入クレーム発生	初期対応遅れによる複数顧客のクレーム	原料不具合・設備不具合を知りながら出荷
	菌増殖による食中毒	食中毒患者の発生	初期対応の遅れによる大量の食中毒患者発生	管理基準値の逸脱を知りながら出荷

図表4.9 重大なリスクに対応する企業防衛

しておくとともに，予行演習を実施するとよい。特に，マスコミを通しての世間への報道時には，経営者の受け答えにより大きく印象が変わってしまうため，このような際の対応についても予め想定している企業も増えている。

4.9　食品開発部門におけるリスク管理と原料仕入先管理

ここまで製造部門におけるリスクアセスメントについて記述してきたが，リスクは食品開発時に発生するケースもある。食品開発部門起因のクレーム発生事象に関しても「リスクアセスメントシート」を作り，記入していく。図表4.10に，ある食品メーカーの事例を示した。これによると，開発部門起因で最も多いのが表示ミスで，食品添加物やアレルゲンに関する不適切表示，成分の誤記などが挙げられている。表示ミスの発生原因は，表示設計担当者の知識不足，法律改

No.	結果（事故）発生事象	要因（ハザード）ライフサイクル該当工程	内容	原因	重篤度	発生頻度	リスク値	有	無	関連部門	リスク軽減方法	重篤度	発生頻度	リスク値
1	表示ミス	包装表示設計工程	食品添加物の不適切表示	開発者の表示設計知識不足	3	2	6	有	無		定期的な表示設計教育の実施（半年毎）	3	1	3
2	表示ミス	包装表示設計工程	アレルゲンに関する不適切表示	乳等省令改正のチェック漏れ	3	2	6	有	無		法改正の定期的なチェック実施と関連官庁への問合せ実施	3	1	3
3	表示ミス	包装表示設計工程	成分の誤記	うっかりミス	3	2	6	有	無		ダブルチェックからトリプルチェックに変更	3	1	3
4	賞味期限設定ミス	賞味期限決定工程	開発当初の賞味期限設定ミス	賞味期限到達前に発売の場合，加速試験設定ミス	3	2	6	有	無		加速試験方法の見直し	3	1	3
5	包装材への製品噛み込み	包装設計工程	不適切な包装設計によるカビ発生	製品寸法に対して十分な包装寸法を設定していない	3	2	6	有		製造	製造と相談して，包装設計を実施（試作も実施）	3	1	3
6	原料由来の異物混入	原料メーカー選定工程	開発段階の原料メーカー選定ミス	海産物の原料由来を想定せずに安易に外国産を選定	2	3	6	有		購買	購買と相談して，初めての仕入先は，海外工場を視察する	2	1	2

図表4.10　開発部門用リスクアセスメントシート

A社　監査日：7月25日				進捗確認		作成	
原料仕入先監査指導事項管理表				日付	確認者	日付	作成者
				20XX/8/10	山崎	20XX/7/26	鈴木

通番	プロセス項目	指摘事項の詳細	判定	指摘事項に対する対応内容	担当部署	完了予定日／完了日
1	異物選別プロセス	"しらす"の異物選別ラインの作業を確認したところ，水揚げしたもので異物が多い少ないにかかわらず，選別用コンベアを一定速度で流しており，異物が多く含まれているときに異物を取りきれない状況となっていた。	軽微な不適合	水揚げしたもので異物が多い場合は，ラインリーダーの判断で，選別用コンベアのスピードを落とすことにした。	A社製造部	9月1日／8月10日
2	スキル管理プロセス	異物選別者の選別スキルが明確になっておらず，スキルの低い人がペアを組むと，異物選別精度が落ちる懸念がある。	観察	異物選別のスキルを明確にする。その方法は，スキル該当者が1次選別をした後に，ラインリーダーが2次選別をして評価を実施する。	A社製造部	9月1日
3	製造プロセス	製造ラインが全般的に乱雑で5Sが崩れている。	観察	製造管理者が5Sパトロールを実施して，できていないところを指摘する。	A社製造部	9月1日
4						

図表 4.11　原料仕入先の監査指摘

正のチェック漏れ等である。

また表示ミス以外では，開発当初の賞味期限設定ミス，不適切な包装設計によるカビ発生，開発段階の原料メーカー選定ミスなどが挙げられている。

原料メーカーの選定ミスについては，購買部門と連携して対応する必要がある。また，原料由来の異物混入が多くを占める企業では，以下のように，主に原料の仕入先変更やロット変更ないしは季節による変動が大きく関係してくる。

・原価が安かったので仕入先を変更したが，原料に異物が混入していた
・海産物で多く見られるが，原料ロットが切り替わる際に異物混入が増えた
・シラスや煮干しに「フグの稚魚」（季節性の異物）が混入していた

原料由来の異物混入対策としては，開発部門と購買部門において原料仕入先に「異物混入リスクアセスメントシート」を用いて確認し，また定期的に仕入先工場を外部監査で確認するとよい。監査時の指摘事項のサンプルを図表 4.11 に示した。ここで指摘された項目に対して原料仕入先で対策を記入してもらい，後日フォローアップ監査を実施する。

また食品企業にとって，原料だけではなく，完成品を委託する場合もある。その場合でも，"異物混入リスクアセスメントシート"を用いて確認し，仕入先工場を外部監査で確認する。

5章　全部門対象の効果的な改善活動

　本章では，全部門を対象とした5つの効果的な改善活動を紹介する。1つ目は，改善のベース活動となる「全社的5S活動」（5章1），2つ目は，他部門からのムダの波及と他部門へのムダの波及の考えを取り入れた「全社的ムダ取り活動」（5章2），3つ目は，本社および工場の事務部門における「事務の業務改善活動」（5章3），4つ目は，方針目標管理を目で見えるようにして実施率を向上させる「見える目標管理活動」（5章4），5つ目は，営業・開発と工場が協力して製品別原価管理を構築する「原価管理による改善活動」（5章5）であり，それぞれ具体的な事例を交えて述べているので，食品企業の各部門管理者および担当者の方に，ぜひ参考にしていただきたい。

5.1　全社的5S活動

5.1.1　5S活動の3つのねらい

　食品工場の製造現場における5S（整理，整頓，清掃，清潔，躾）活動は改善活動の基本であり，衛生管理においても効果がある。また，すべての管理改善活動のベースであり，管理レベルを判定するバロメータともなる。筆者は，食品工場の管理レベルを判定するための最も重要なチェックポイントとして，まず「5Sが推進されているか」を挙げる。しばしば管理・監督者や一般社員が，5Sと日常の仕事とは別のもの，すなわち5Sは余分な仕事と考えて「この忙しい時に，5S活動をやらされるのはたまらない」と言って5S活動をなかなかやろうとしないことがある。これは，食品工場における5Sの重要性について，十分に理解されていないためである。

　では，5Sを推進することがなぜ重要なのか，なぜ5Sはすべての管理改善活動のベースであるのかを説明する。5Sには次のような，大きな3つのねらいがある。

　①従業員の自主性の向上
　　食品工場では社員だけでなく，パートやアルバイト，派遣社員や外国人実習生が働いていることもあり，少数の社員だけが5Sをいくら頑張っても達成できるものではない。例えば，

工具を使用したならば，必ず所定の場所に戻さなければならないが，戻さない従業員が1人でもいると5Sは徹底されない。全従業員一人一人が，5Sルールとして決められたことを自主的にきちんと守り，実行してはじめて5Sが徹底される。したがって，5S活動を通して，従業員が自律心を身につけ，自主性の向上を図っていくことが大事なのである。

②良好なチームワークづくり

5Sは，職場の従業員全員が協力して進めるべきものである。リーダーが「今日，仕事が終わってからみんなで一斉に掃除をしよう」と呼びかけても，協力しないで帰ってしまうような従業員が1人でもいると，5Sはなかなか進まない。職場の人間関係や協力関係が良く，リーダーの下に団結して仕事や改善活動ができる職場ほど，5Sが強力に進む。

③リーダーのリーダーシップの養成

5S活動の成功の鍵を握っているのは職場のリーダー（部課長などの管理者，係長・班長などの監督者）のリーダーシップである。もともと強力なリーダーシップを身につけているリーダーのいる職場では5S活動が進み，リーダーシップの弱いリーダーのいる職場では5Sがなかなか進まない。しかし，最初はリーダーシップの弱いリーダーであっても，本人が率先垂範，努力してリーダーシップを身につけ，情熱を持って5S活動に取り組むことによって5Sを推進させている職場も多く見受けられる。したがって，リーダーになる管理・監督者や若手有望社員などが，5S活動を通して強力なリーダーシップを身につけていくことが5Sの3番目の大きな狙いである。

5Sが徹底されている企業は管理レベルが高く，自主管理と良好なチームワークおよび管理・監督者の強力なリーダーシップによって，5S以外の業務や改善活動についても着実に遂行され

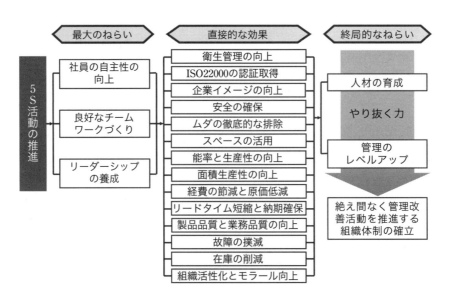

図表 5.1.1 食品工場の5S活動の目的

ている場合が多い。

　食品工場の5S活動の目的は図表5.1.1のとおりである。5S活動の最大の狙いは前述したとおりであるが，直接的な効果は「衛生管理の向上」「企業イメージの向上」「安全の確保」「品質の向上」「生産性の向上」「在庫の削減」「組織の活性化」などがある。そして5S活動の終局的な狙いは，「人材の育成」「管理のレベルアップ」「改善活動体制の確立」にある。

5.1.2　5S活動の定着化に向けて

　食品工場のなかには，過去に5Sに取り組んだものの維持・定着ができていないケースが多く見受けられる。それには，以下のような共通した原因がある。

- ・「忙しい」を言い訳にしている

　5Sが維持定着できていない職場では，"5S活動の時間が取れない"という話をよく聞く。短時間でもよいので「5Sタイム」を作り，まずは5Sを続けていくことを目標にするとよい。

- ・全員参加型になっていない

　5S委員や5Sリーダーなど一部の人の活動に留まっていると，最初はある程度5S活動が進んでもそのうち活動に限界が出てきて，やがて衰退してしまう。真に全員参加となるように推進するとよい。

- ・問題意識，改善意識の欠除

　"問題"とは，あるべき姿と現実とのギャップであるため，理想の姿をイメージしギャップを共有することで，問題意識や改善意識の向上の第一歩となる。食品工場には，"5Sはこの程度でよい"といったことはない。同業種でなくてもよいので5S優良工場を見学し，刺激をもらうのも意識改革に役立つ。

5.1.3　5S活動の組織化

　5S活動を効果的に推進するためには，機能的な組織づくりと運営が欠かせない。組織化の目的は次の点にある。

- ・効果的な手法，方式，道具を全社的に検討し，全社共通ルールとして採用する
- ・自主的な5S活動を推進する
- ・職制で進める仕組みを活用する

　上記の目的を達成するために，5S委員会を立ち上げる。5S委員会の活動のポイントは，5S活動を活発に，かつ継続的に推進するために必要となるPDCA（計画・実施・評価・改善）を展開す

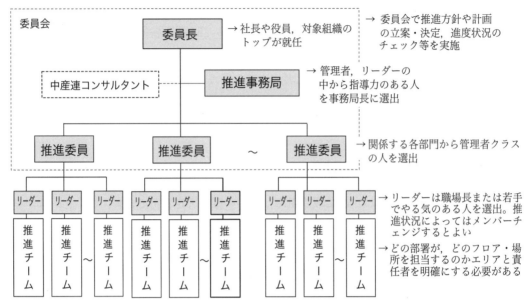

図表 5.1.2 5S推進組織の体系

る点にある。このため，5S委員会は通常月1回程度開催するようにする。

5S委員会は，次のような組織により構成される（図表5.1.2）。

- ・委員長，場合により副委員長を設置
- ・推進事務局
- ・推進委員
- ・リーダー（委員会に入らない場合あり）

規模が小さい企業では，5S推進委員が5Sリーダーを兼務する場合もある。

委員長は，5S活動を統轄し推進するのが役割である。このため，5S委員長としては社長や役員，または対象組織のトップが当たるのが好ましい。もちろん，5Sに対する情熱がある人が適任である。

推進事務局は，5Sの運営上必要な事務処理を行うとともに，5S活動の企画立案や実施がスムーズに展開するよう，黒子的に各職場をサポートする。このため，課長ないしは係長クラスで経験豊富な，熱意を持って委員会をまとめられる人が望ましい。小さな組織では1人で十分だが，大きな組織であれば事務局長と2～3名の事務局員によって構成されることもある。

推進委員は，全社的な運動の計画・実施・評価や指導を率先して行うとともに，各部門の代表者として，自部門の5S運動の推進および成果の責任を負うことになる。このため，5S推進委員は工場長クラスや部課長クラスの管理者の中から，指導力のある人を選ぶとよい。

実際に5S活動を推進するために，各職場においてリーダーを選任する。5Sリーダーは，各職場の係長，班長クラスから選ぶとよい。また場合によっては，情熱のある若手のサブリーダーを

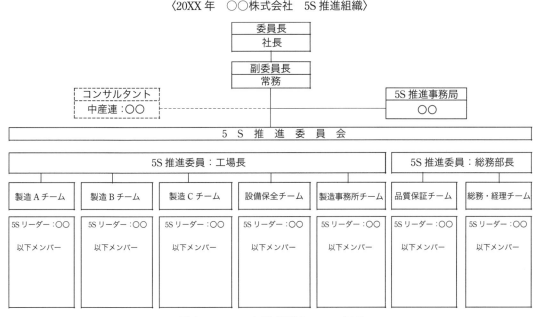

図表 5.1.3 事務部門も 5S に参画

選任することもある。5S リーダーは 1 年ごとに交替するケースもあるが，その際はサブリーダーがリーダーに昇格して，サブリーダーを新たに選定することが多い。

また，製造部門だけではなく，事務部門（製造事務所，品質保証，総務・経理など）も活動対象に含めるとよい（図表 5.1.3）。

5.1.4　5S 推進のブロック化

5S の組織化を構築したら，次は 5S を分担するエリアを決める（5S 推進のブロック化を図る）必要がある。なぜなら，せっかく組織化しても，自分が分担するエリアがはっきりしないと，どこを対象に 5S を実施してよいのかわからず，結果的に中途半端な状況で 5S が推進されてしまうことになるからである。例えば，食品製造 A チームと B チームが共通に使用している"消耗品棚"があったとして，この棚をどちらのチームが担当するかを決めないと，各々が"あっちがやってくれるだろう"と勝手に解釈して結果的には 5S が進まないことになる。

すなわち，食品工場で 5S を推進する場合，敷地内のすべてのエリアをブロック分けすることになる。その目的は，5S 活動推進の責任権限をはっきりさせることである。5S 推進ブロックを分ける場合，基本的には該当組織の活動範囲が担当ブロックになるが，考慮すべき事項は，5S 組織の人数と担当ブロックの敷地面積や，5S 対象物のボリュームのバランスが取れているかどうかである。

具体的な 5S 推進ブロック化の手順は次のようになる。

1) 組織区分図の作成と人員配置

　まず，会社や工場の全体のレイアウト図を基に，5S 組織に対応した区分けをする（図表 5.1.4）。ただし，エリアが広すぎる，または場所が離れていて管理がしにくい場合は，組織を分割してもよい。作成した各区分に推進リーダーとメンバーを配置する。

2) 5S 組織とエリア図の見直し

　実際に動いてみて，担当人数と敷地面積や対象物のボリュームバランスが取れていない場合は，5S 組織とエリア図を見直す。現実的には均等に区分できることは少ないので，このような場合は，負担の軽い部署から負担の重い部署に"人"を貸し出すフレキシブルなルールを作っているところもある。

3) 共用部分・共有場所の分担決め

　会社や工場には共有部分・共有場所（建物内通路，階段，工場内道路，会議室，食堂，更衣室，書類倉庫など）がたくさんある。これらについては，各々の負担バランスを考えて担当エリアを割り付けていくとよい。書類書庫については，各々の部門で整理・整頓することになる。

このようにして，5S 推進組織と担当ブロックを決めていくが，最終チェックとして，すべて

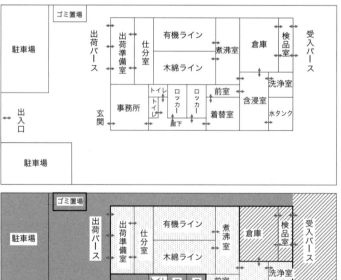
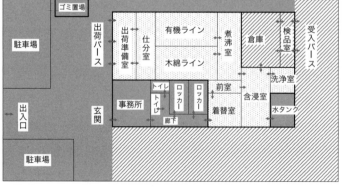

図表 5.1.4 5S 推進ブロック化の例

の場所の分担が決まっているか、未定の場所がないかを確認する。また、推進組織のメンバー数は適度な人数になるように調整する。目安としては、1ブロック6〜10人位にするとよい。

5S推進ブロック図は組織図とともに作成するが、組織と担当区域を同一の色で表すことにより、視覚的にわかりやすく工夫しているところもある。そして、これらの図は食堂や従業員玄関など誰もが見える場所に掲示することで、5S活動を全員に周知する。

5.1.5 食品工場における清潔の徹底

食品工場にとって、"清潔"であることは最も重要である。清潔の定義は、「いつ、誰が見ても、誰が使っても、不快感を与えないように綺麗に保つ」ことである。清潔な職場とは、"決められたことを全員が守り、掃除をこまめに行うことで、気持ちよくさわやか"な環境である。

また清潔は、"整理・整頓・清掃"（3Sと呼ぶ）によって快適な職場を目指し、維持していく活動の結果である。"3Sが徹底できてはじめて、清潔が実現する"と言える。すなわち清潔の目的は、3Sを徹底して行いつつ、だれもが自然に3Sができるように標準化することである。清潔な職場を維持するためには、決められたことを守っているかをチェックし、環境を整えることが大切である。また、一人一人が職場を自分たちで清潔にしていくように仕向ける必要がある。そのためには、5Sの啓蒙活動を実施するとともに、職場の雰囲気も変えていく必要がある。これには時間がかかるが、続けることが重要である。

"清潔"の進め方は、次のとおりである。

1) 整理の徹底と標準化

整理の徹底は、不要なものが出たら「不要品基準表」や「書類廃棄基準表」などに従って不要品票を貼付し、不要品置場へ搬出し判定・処分できるよう、整理の標準化を図ることである。

2) 整頓の徹底と標準化

一旦整頓しても、モノが増えてくると定位置化が崩れることがある。また躾ができていないと、表示されたとおりに収納されないこともある。これは、整頓が崩れてくる前兆である。整頓での表示対象は、職場にある必要なものすべてであり、100％定位置化を維持できるように整頓の標準化を図ることである。表示されたとおりに収納されていない時はきちんと収納するように徹底して指導することである。また、場所や棚単位で管理者を決めて維持していく方法も有効である。

3) 清掃の徹底とレベルアップ

清掃の徹底は、"ピカピカ作戦"を実施し、全員で床や機械設備などをピカピカに磨きあげることから始める。これにより「綺麗になった床、機械設備を汚さないようにしよう」と

いう意識が職場全員に浸透する。そうなると，カビが発生しないように汚れの発生源対策を実施するとか，清掃の方法や実施サイクルのルールを見直すなどの改善が図られ，清掃のレベルアップにつながる。

4) PDCAサイクルを回しながら3Sを徹底する

整理・整頓・清掃の徹底には，決められた管理ポイントに対する「5S点検チェックリスト」（図表5.1.5）によるパトロール，カメラパトロールによる定点撮影などを定期的に実施し，「5Sパトロール問題点対策一覧表」でPDCAサイクルを回しながら改善を図っていく（図表5.1.6）。清潔の進め方のポイントは5S意識の浸透・持続・高揚であり，以前の不快な職場へ後戻りしたくないと全員が意思統一できるように，5S意識を持続させることが必要である。また，清潔な職場を維持するための有効な手段の1つとして，経営幹部による5Sパトロールがある。社長や担当重役が定期的に現場を見に来てチェックすることで，従業員の5S意識が高揚する。

対象職場：製造1課		点検実施日：20XX年9月10日	点検者：山崎

分類	点検項目	採点	備考
整理	不必要なモノは増えていないか		
整頓	必要なモノが増えた時は，定置化が確実に実施されているか		
	取り出したら，元の位置に戻さないケースはあるか		
清掃	清掃チェックリストは，環境の変化に従って更新されているか		
	清掃チェックリストに従って，確実に清掃ができているか		
	黒カビや，飛散した残渣は残されていないか		
清潔	床はきれいに磨かれて，かつ定期的に補修(塗装など)がされているか		
	機械設備，作業台はいつも清潔に保たれているか		
	作業着，手袋などはルール通りに交換され清潔にされているか		
躾	きめられた衣服を正しく身に着けているか		
	製造現場での持ち込み禁止物が守られているか		

図表5.1.5 5S点検チェックリスト

対象職場：製造1課			点検実施日：20XX年9月10日	点検者：山崎	

番号	分類	パトロール問題点	対策期日	担当
1	整理	製造室の片隅に不必要な焼菓子用の型が放置されていた		
2	整頓	工具板での工具が増えたが，定置化されていなかった		
3	清掃	壁に飛散した残渣が残されていた		
4	清潔	製造室の北側の床面に亀裂が入っている		
5	躾	設備点検チェックリストに未記入箇所が散見された		

図表5.1.6 5Sパトロール問題点対策一覧表

5.1.6 事務部門の5S構築

工場の製造エリアだけではなく，事務部門（営業・研究開発・生産管理・生産技術・品質保証・製造事務）も活動対象に含めて，全社的に5S活動を推進する必要がある。5S活動は製造エリアだけでよいと考えるのは大きな間違いである。事務部門の対応の悪さが製造部門のQCD[*1]に影響を与える場合もあり，共に5Sを実施するよう組織化を図る。事務方の改善意識やコスト意識を高め，マネジメントのPDCAサイクルを効果的に回すためにも，5S活動が不可欠である。5Sを導入した事務所のイメージを図表5.1.7に示した。

事務部門においては，5S運動を推進することで情報の共有化と視覚化，業務の標準化，ルール化，簡素化が実現できる。推進手順は，事務現場の5S活動を徹底的に行って"物の見える化"を実現し，次に書類の整理を徹底的に行った後でファイリングシステムを確立して"業務の見える化"を実現し，最後にVM（目で見る管理）を導入して"管理の見える化"を推進していく。そのうえで，業務改革に取り組むとよい（図表5.1.8）。事務部門の5S活動の目的を以下に説明する。

①効率的な業務環境づくり
- 書類や図面などの整理，整頓（ファイリング）を進めて，最新版がすぐに取り出せるようにし，効率的に業務ができるようにする。
- 職場の棚や机まわりの整理，整頓を進めることで業務に集中できる環境にする。

[*1] QCD：Quality（品質），Cost（費用），Delivery（引渡）の頭文字をとった言葉で，主に製造業における設計・生産時に重視される視点。

図表5.1.7 5Sを導入した事務所のイメージ

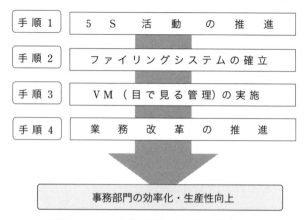

図表 5.1.8 事務部門の改革の推進手順

- 研究開発部門であれば，実験器具，原料・試薬，試作品サンプルなどの 5S を進めることで欠品や過剰在庫がなくなり，実験を効率的に進めることができる。

② コミュニケーションの活発な職場づくり

- 机，資料・図面棚，CAD などの配置を見直し，レイアウトを改善することでコミュニケーションを活発にし，効率的な仕事ができる職場をつくる。
- 仕掛書類ボックスを活用して仕事の遅れに対する情報を目で見えるようにし，問題点の早期解決を図っていく。

5.1.7　「物の見える化」と「業務の見える化」

5S による「物の見える化」について，以下に具体的に説明する（図表 5.1.8 手順 1）。

ムダな書類が保管されているために，"探すムダ"が発生している。用済み，不要な書類，重複保管の書類は廃棄し，管理が必要な書類は保管・保存期間を設定し，保管する。期限満了になった書類は，定期的に廃棄することを習慣化する（図表 5.1.9）。このように書類整理を実施すると，概ね 50％の書類が廃棄処分される。その結果，余分なキャビネットが撤去され，有効的な作業スペースが確保できるようになる。

個人机の上は書類が山積み，引出しの中には仕掛書類やファイル，事務用品，私物が雑然と入っている職場がある。5S により，個人机の上，引出しの中には何を置くのかを明確にした「個人机の管理基準」を作成する（図表 5.1.10）。また，机の引出しの中に入っている関係ファイルはすべて共有キャビネットに移動し，情報の共有化を図る。

机の上や引出しの中に仕掛書類が雑然と置かれているのは，処理忘れや納期遅れ，書類探しで余計な時間を取ってしまい，事後的な仕事に多くの時間を費やしてしまう。そこで，仕掛書類を「処理前」「処理中」「対応・回答待ち」「処理済」というように状態別に区分して縦ボックスに入

5.1.7 「物の見える化」と「業務の見える化」

書類分類	書類名	共有化 部管理	共有化 課管理	保管期間	保存期間	即廃棄
1 契約	代理店契約	○		2年	5年	
	販売契約	○		2年	5年	
	雇用契約	○		2年	5年	
2 規定	人事・就業	○		改廃		旧版
	旅費	○		改廃		旧版
	職務基準	○		改廃		旧版
	職務権限	○		改廃		旧版
	文書管理	○		改廃		旧版
	勤怠カード, 残業表	○		1年		
3 企画・計画	中・長期計画	○		原本 3年	原本 4年	写し
	事業計画	○		原本 1年	原本 3年	写し
	製品開発計画	○		原本 3年	原本 4年	写し
			○	写し 1年		個人配
	販売実行計画	○		原本 2年	原本 3年	写し
			○	写し 1年		個人配
4 実績	販売実績	○		原本 3年	原本 4年	写し
			○	写し 1年		個人配
	商談記録		○	原本 3年	原本 4年	写し
	先行管理表		○	原本 3年	原本 4年	写し
5 予算	年間予算書	○		原本 2年	原本 3年	写し
	受注・売上・経費	○		原本 2年	原本 3年	写し
	設備投資	○		原本 2年	原本 3年	写し
6 決算	損益計算書	○		原本 2年	原本 3年	写し
	貸借対照表	○		原本 2年	原本 3年	写し
	経費明細書	○		原本 2年	原本 3年	写し
7 統計	経営指標	○		原本 10年	原本 3年	写し
	業績推移	○		原本 3年	原本 3年	写し
	業界統計	○		原本 3年	原本 3年	写し

図表 5.1.9 商品企画部門の書類廃棄基準

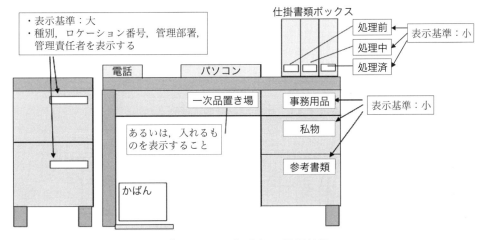

図表 5.1.10 個人机の管理基準

れて管理し，担当者はもとより管理者にも仕事の計画と進捗状況および負荷状況が誰にでも見えるようにする（図表5.1.10）。

次に，ファイリングシステムによる「業務の見える化」（図表5.1.8 手順2）では，業務および書類の棚卸から始める。具体的には，機能（大分類）と業務（中分類），書類（業務ファイル）で区分して業務分類表に記す。例えば，技術資料には，技術項目ごとの書類（業務ファイル）と開発案件ごとの書類（物件ファイル）があるが，特に，開発案件ごとのファイルは資料を綴じる順番を決めておき，どの案件でもすぐに該当資料を取り出せるようにする。業務分類表の作成により，重複業務や書類作成のムダが見えてきて，業務そのものの整理（廃止や簡素化）や整頓（分担や業務フローの見直し）へとつなげることができる。すなわち，業務改革推進の下地作りとなる。

図表5.1.11に研究開発部門の業務分類表を，図表5.1.12には物件ファイル例を示した。

大分類＼中分類		01	02	03	04	05
01	技術情報	資料収集・分析 ・技術資料管理表 ・年間活動計画表	設計ノウハウ ・ノウハウ台帳 ・設計ノウハウ集	情報ファイル作成 ・情報ファイル	関係先への照会，配布 ・配布表	
02	製品企画	資料収集，分析 ・ロードマップ ・売上分析表	設計企画書作成 ・設計企画書A ・設計企画書B	設計企画会議開催 ・企画会議議事録		
03	設計計画・実施	大日程計画作成 ・大日程計画書	中日程計画作成 ・中日程計画書	設計割当 ・設計工数表 ・設計割当表	課題のバラシ ・課題分析板 ・技術分析板	設計図書作成 ・設計書 ・図面
〜	〜	〜	〜	〜	〜	〜
06	設計原価	原価目標設定 ・商品企画書	原価調査 ・○○原価 ・△△原価	原価積上げ ・商品原価表	VE提案 ・VE提案表	

図表5.1.11 研究開発部門の業務分類表

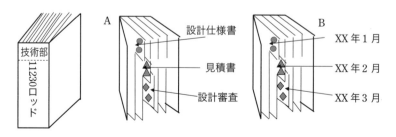

図表5.1.12 研究開発部門の物件ファイル例

5.2 全社的ムダ取り活動

5.2.1 トヨタにおける「7つのムダ」

　食品工場が，多様化する消費者ニーズに応えながら収益性を高めるためには，業務の効率化，スリム化を進めることが重要である。そのため，付加価値を生まない「ムダ」な活動を排除していく必要がある。見出しに掲げた「7つのムダ」とは，付加価値を生まない要素として，トヨタ生産方式で定義されたものである（図表5.2.1）。具体的には，「つくりすぎのムダ」「手待ちのムダ」「運搬のムダ」「加工そのもののムダ」「在庫のムダ」「動作のムダ」「不良をつくるムダ」を7つのムダとして，これらを現場から徹底的に排除するというものである。

　トヨタ生産方式においては，「必要なものを，必要なときに，必要なだけ」つくる生産体制を実現するとして，多品種のモノが滞りなく流れることを目指している。それを実現するために，現場に潜んでいる「7つのムダ」を徹底的に排除することとした。これは，付加価値を生まない作業を排除し，原価低減につなげる活動でもある。

　この「ムダ」を見つける方法は，まず「生産現場を目に見えるようにする」ことである。この「目に見える」ようにする具体的な取り組みが，「VM（目で見る管理）」である。例えば，原料倉庫にあるすべての原料に納入日を記入した札を貼っておくと，使用されていない「ムダ」な原料

---

① つくりすぎのムダ
　　必要のない製品や仕掛品を余分につくること
② 手待ちのムダ
　　前工程からの原料や仕掛品を待って仕事ができないこと
③ 運搬のムダ
　　モノの必要以上の移動，仮置き，積み替えなどのこと
④ 加工そのもののムダ
　　従来からのやり方の継続で，本当に必要かどうか
　　検討せず，本来必要のない工程や作業を行うこと
⑤ 在庫のムダ
　　完成品，部品，材料が倉庫など保管され，すぐに
　　使用されず，滞留していること
⑥ 動作のムダ
　　探す，持ち替える，調べるなど不必要な動きのこと
⑦ 不良をつくるムダ
　　不良品を廃棄，手直し，作り直しすること

図表5.2.1 トヨタにおける7つのムダ

がどれくらいあるか、一目でわかる。

この「7つのムダ」については製造部門ですでに改善が進んでおり、新たに取り組んでも大きな効果が見られないという工場もある。そのため、この「ムダ改善」に対しては新たな発想が求められている。

5.2.2 ムダの波及

「ムダ」は、ほとんどが製造現場で発生している。ムダ発生の結果、製造上のさまざまな問題点が発生し、結果として「コストダウン」どころか「コストアップ」につながってしまう。ところが、この製造部門の「ムダ」を分析すると、製造部門がムダを発生させているもののほかに、他部門に起因する「ムダ」が発生していることがある。例えば、研究開発部門起因の製品表示不良により生産ラインで混乱が発生したり、購買・外注部門起因の原料・包材の納入遅れにより生産ラインで混乱が発生することがある（図表5.2.2）。他部門に起因する「ムダ」については、気がつかなかったり、大きな問題と認識していないことがある。しかし、これを放置していると、部門内でいくら努力しても一向に生産性が向上しないことになる。

また、製造部門から、他部門に影響を及ぼすことがある。例えば、製造部門起因の顧客クレームにより、営業部門・品質管理部門にクレーム対応の「ムダ」が発生するし、製造部門起因の納期遅れにより、生産管理部門に生産計画変更の「ムダ」が発生する（図表5.2.3）。製造部門では、自部門が他部門に影響を及ぼしていると認識していないことが多い。

このように、「ムダ」には、自部門が起因で発生するムダ、他部門からの波及で発生するムダ、自部門から他部門に波及するムダの3つがあり、これらを理解したうえで、「ムダ改善」に取り

---

1. 研究開発部門起因のムダ
    - 製品表示不良による生産ライン混乱のムダ
    - 原料の共通化をしないことによる原料在庫過大のムダ
2. 購買・外注部門起因のムダ
    - 原料，包材の納入遅れによる生産ライン混乱のムダ
    - 原料，包材の不良による生産ライン混乱のムダ
3. 生産管理部門起因のムダ
    - 大ロットまとめ生産を行っているために生じる手待ちのムダ
    - 段取り替えのロスを考えずに生産計画を立てたために生じるムダ
4. 生産技術部門起因のムダ
    - 工程設計の不備からのラインバランス効率の悪さによる手待ちのムダ
    - 設備の洗浄がやりにくい部分があることによる洗浄時間のムダ

図表5.2.2 他部門からのムダの波及（製造部門）

1. 製造部門起因の不良発生及び顧客クレーム
   - 生産管理部門への生産計画変更発生のムダ
   - 営業部門，品質管理部門へのクレーム対応発生のムダ
2. 製造部門起因の設備故障
   - 生産技術部門への設備修理発生のムダ
   - 生産管理部門への生産計画変更発生のムダ
3. 製造部門起因の納期遅れ
   - 営業部門への変更納期交渉のムダ
   - 生産管理部門への生産計画変更発生のムダ
4. 製造部門起因の製造工数過多
   - 経理部門への実行予算修正及び利益計画変更発生のムダ

図表 5.2.3 他部門へのムダの波及（製造部門）

組む必要がある。

以下に，ムダ取りの4つの改善手法のポイントを述べる。

①ムダ改善活動は全社で組織的に実施することにより，全社的なコストダウンに寄与する。

②自部門だけではなく，他部門への波及や他部門からの波及を考慮に入れることで，部門間にまたがるムダが抽出でき，部門間でのムダの共通認識が芽生える。

③ムダを金額換算することにより，具体的なコストダウン目標の達成度を高めることができる。

④VMボード上で「目で見る管理」を実践することで効果的にPDCAサイクルを回し，改善の達成度を高めることができる。

5.2.3 研究開発部門のムダ

研究開発部門のムダを一覧表に挙げる（図表5.2.4）。これを見てみると，研究開発職場内で発生するムダももちろんあるが，開発部門起因による製品回収や製造不良となるムダについては，営業部門，品質管理部門や製造部門へ波及する項目である。また一方では，商品企画・営業部門からムダが波及してきている。これらのムダはQCDの観点から，以下のように人件費・材料費・外注加工費などのコストアップにつながっている。

①品質不良によるムダ

開発部門起因の品質不良（表示ミスなど）により製品回収の発生および再発防止対策実施のムダが発生し，人件費のムダが発生する。また，製品回収による営業部や品質管理部の人件費および旅費交通費や製品交換による原材料費のムダも発生する。

②工数過多によるムダ

開発工数が以下の要因で過多になると，ムダが発生する。

No.	ムダの種類	費目区分	職場内原因発生分	他職場への波及分		他職場からの波及分	
				職場名	費目区分	職場名	要因
1	開発品質不良（表示ミス）により，製品回収及び開発対策実施	人件費	○	営業部門 品質管理部門	人件費 旅費・交通費	—	—
2	仕様変更が固まらないうちに開発を開始し，後日仕様決定に伴い開発変更発生	人件費	○	—	—	○ 商品企画部門 営業部門	仕様出しの遅れ
3	新規原料○○と△△が登録されておらず，原料の妥当性を検証することで工数発生	人件費	○	—	—	—	—
4	○○製品の開発が納期遅れを起こし，生産計画がずれ込む	人件費	○	製造部門	人件費	—	—
5	開発リードタイムが他社より長いので，受注状況が思わしくない	人件費	○	営業部門	広告宣伝費	—	—

図表 5.2.4 研究開発部門のムダ抽出一覧表

・仕様変更が確定しないうちに開発を開始し，後日仕様決定に伴い変更が発生

・新規原料が登録されておらず，原料の妥当性を最初から検証することで余計な工数が発生

③納期遅れによるムダ

　納期遅れにより生産計画がずれ込み，後工程でムダを出している場合がある。また，開発リードタイムが長くて受注状況が思わしくなく，その対応として，営業部門で広告宣伝費など経費のムダを出している場合がある。

5.2.4　生産技術部門のムダ

　生産技術部門のムダを一覧表に挙げる（図表 5.2.5）。以下のようなムダが人件費・材料費・外注加工費などのコストアップにつながっている。

　①生産準備日程の遅れによるムダ

　　・工場のライン立上げが遅れ，生産計画がずれ込む

　　・生産準備段階での製品の設計変更により，設備・ライン仕様で変更が発生

　②設備設計および設備管理の不備によるムダ

　　製品生産にとって，設備管理は最も重要な仕事の1つであるが，以下の要因でムダが生じることがある。

　　・生産設備不良により，製品不良の発生および設備対策実施

No.	ムダの種類	費目区分	職場内原因発生分	他職場への波及分		他職場からの波及分	
				職場名	費目区分	職場名	要因
1	○○工場の△△ラインの立上げで設備の納期遅れを起こし，生産計画がずれ込む	人件費	○	○	製造部門	人件費	―	―
2	生産準備段階で，製品の設計変更により，設備・ライン仕様の変更発生	人件費材料費	○	○	製造部門	人件費	○	研究開発部門	設計ミス
3	○○製品における生産設備不良により，製造における製品不良及び設備対策実施	人件費材料費	○	○	製造部門	人件費	―	―
4	設備予算管理が不十分で，設備予算が大幅にオーバー	材料費外注加工費	○	―	―	―	―
5	生産技術が主体的に行う製造現場改善が十分に実施されずに，コストダウン目標に到達しない	人件費	○	○	製造部門	人件費	―	―
6	作業・工程・品質管理基準の改定維持が不十分で，製造現場が混乱している	人件費	○	○	製造部門	人件費	―	―

図表 5.2.5 生産技術部門のムダ抽出一覧表

- 現行設備を改造しようとしたが，図面や部品カタログなどの情報が不明で，調査工数が発生
- 設備管理が不十分で，設備修理予算が大幅にオーバー

③改善支援の未達成によるムダ

生産技術部門は，製造の歩留りや生産性向上を目指すうえで重要な部門であるが，以下の要因でムダが生じることがある。

- 製造現場で改善が十分に実施されず，コストダウン目標に到達しない
- 作業・工程・品質管理基準の改定・維持が不十分で，製造現場が混乱している

5.2.5　倉庫・物流部門のムダ

倉庫・物流管理部門のムダを一覧表に挙げる（図表 5.2.6）。これらのムダには以下のようなものがある。

①入庫・保管管理不足によるムダ
- 倉庫現場での欠品管理が不十分だったため，欠品が生じて出庫遅れとなった
- 原料の使用期限が超過し廃棄，また製品の出荷期限が超過し廃棄となった

②出庫管理不足によるムダ

No.	ムダの種類	費目区分	職場内原因発生分	他職場への波及分			他職場からの波及分		
					職場名	費目区分		職場名	要因
1	倉庫現場での欠品管理が不十分なため、欠品が生じて出庫遅れとなった	人件費	○	○	製造部門	人件費	○	購買・外注管理部門	確認ミス
2	原料の使用期限が超過し廃棄する。また製品の出荷期限が超過し廃棄する	材料費 人件費	○	○	製造部門	人件費	—	—	—
3	事務方の出荷指示書記入ミスにより、数量間違い、製品再発送実施	人件費	○	—	—	—	○	営業部門	出荷指示ミス
4	ピッキングミスや梱包方法の間違いにより、送付品の回収及び再発送実施	人件費	○	○	営業部門	人件費 旅費・交通費	—	—	—
5	倉庫のロケーション表示や単体表示が不十分で、探す時間をロスした	人件費	○	—	—	—	—	—	—
6	配送中に、委託業者が製品を落下して、製品検査・再梱包して送付	人件費 材料費	○	○	品質管理部門	人件費	—	—	—
7	物流業者への配送費コストダウンが計画的に実施されていない	人件費 配送運賃	○	—	—	—	—	—	—

図表 5.2.6　倉庫・物流部門のムダ抽出一覧表

　　・事務方の出荷指示書記入ミスによる数量間違い、製品再発送

　　・ピッキングミスや梱包方法の間違いによる送付品の回収および再発送

　　・倉庫のロケーション表示や単体表示が不十分で、探す時間をロスした

③物流業者の管理不足によるムダ

　　・配送中に委託業者が製品を落下させ、製品検査・再梱包して送付

　　・物流業者への配送費コストダウンが計画的に実施されていない

5.2.6　新発想のムダ改善の手順

　ここでは、新発想のムダ取り改善手法の実施手順を述べてみたい（図表5.2.7）。手順としては、各職場でムダを抽出し、ムダの種類ごとに損失金額を算出して、それを削減するための改善テーマとコストダウン予想効果金額を設定し、VM管理で改善を実施していく。

　○**手順1　ムダ改善活動の組織化と目標設定**

　本活動を実施するに当たり、全社的な推進組織体制を設定する。推進組織体制としては、各部門の管理者を中心とした推進委員会を設立する。推進委員会は、月に1回程度の頻度で開催する

手順1：ムダ改善活動の組織化と目標設定
手順2：コストアップにつながるムダの抽出
手順3：他部門から挙げられたムダの検討
手順4：コストダウンを実現する改善テーマの設定
手順5：ムダの金額換算と改善施策の決定
手順6：コストダウン目標値，予想効果金額の設定
手順7：VM（目で見る管理）用資料の設計
手順8：VMによるコストダウン目標管理の実施

図表5.2.7 新発想のムダ改善活動の推進手順

とよい。委員会では次のような項目について検討を進める。

- ムダ改善活動の推進方針や計画の立案方法，進捗状況と成果のチェック方法などを決定する。
- 推進期間は，決算年度に合わせて第1，第2ステージというように区切りをつけながら進めていく。
- 組織全体としての原価低減目標額を算定し，それを各部門に展開していく。その際，必ず年度利益計画と関連付ける。

○手順2　コストアップにつながるムダの抽出

コストアップにつながるムダを，部門ごとに抽出し，「部門別ムダ抽出一覧表」を作成する。その際，主要メンバーが集まってブレーンストーミングを実施してもよいし，職場全員にアンケートを取る方法もある。各部門で発生するムダについては，自職場内の原因で発生するムダと，他職場へも波及するムダ，および他職場から波及するムダなど考えつくものすべて，できるだけ多くリストアップすることが重要である。

また，抽出したムダを費目区分ごとに明確にするとよい。費目区分は次のようなものである。

- 材料費：主要材料費，補助材料費，購買部品費，外注部品費など
- 製造費：外注加工費，工場消耗品費，人件費，金型工具費など
- 一般管理・販売費：人件費，運賃，交際接待費，広告宣伝費，旅費交通費など

○手順3　他部門から挙げられたムダの検討

手順2で作成した「部門別ムダ抽出一覧表」に基づき，他部門と関係するムダについて相互に確認し，調整を行う。その際，部門間の壁を取り払い，他部門で抽出され自部門に関連するムダは積極的に取り上げ，ムダとして追加する姿勢が重要である。

○手順4　コストダウンを実現する改善テーマの選定

手順3で修正された「部門別ムダ抽出一覧表」に基づき，ムダ削減の優先順位を決めて削減のための改善テーマを設定する。またこのときに，それぞれのムダについて，把握方法，測定方法

を検討する。そして改善テーマの分類と担当者・チーム名を決定する。この改善テーマについては，部門内と部門間の連携テーマがある。連携テーマの場合は，主管部門と責任者を決定する。

○手順5　ムダの金額換算と改善施策の決定

次に，それぞれのムダについて損失金額の算定式を設定し，この算定式に基づきムダの概算額を求める（図表5.2.8）。例えば，不良手直し，設備故障などのムダは製造部門の人件費の増大をもたらす。設計不良，設計仕様変更などのムダは，開発部門の人件費の増大をもたらす。部品の納期遅れのムダは購買担当者の納期督促の手間を増やし，結果として人件費のコストアップにつながる。

次に，改善の優先順位を検討する。ムダの概算額の大きなもの，重要性，取り組みやすさ，早期に効果が期待できるものなどを考慮して評価する。これにより，改善施策を決定する。

○手順6　コストダウン目標値，予想効果金額の設定

次にコストダウンの目標値を設定し，さらに，目標値を達成することで得られる予想効果金額を算出する。改善目標値は金額設定のほかに，時間，日数，人数，％，数量など現場がわかりやすい管理指標を設定するとよい。

委員会事務局は組織全体の予想効果金額を算出し，差異があればコストダウン計画を再設定するなど調整する。算定方法はマニュアル化しておく。

○手順7　VM（目で見る管理）資料の設計

次に，コストダウンの目標値を達成するための改善計画を作成し，その改善計画を漏れなく実施するために，改善計画の内容に見合ったVM用資料を設計・作成する。これによって，コストダウン目標管理を実施する。改善テーマごとの内容，目標値と予想効果金額，担当者・チーム

ムダの分類	ムダ⇒損失金額 算定式	ムダの測定結果	ムダの概算額	評価結果（◎，○，△，×）
運搬のムダ	単位当りの運搬時間（短縮目標時間）×処理件数×賃率	3分×100件=300分/日	15千円/日	○
在庫ロス	棚卸減耗損，在庫評価損のうち，整理整頓が原因のものを集計	期末棚卸の実績は3,600千円	600千円/月	○
在庫ロス	棚卸減耗損，在庫評価損のうち，環境管理が原因のものを集計	期末棚卸の実績は1,200千円	100千円/月	△
レイアウト不備	単位当りの作業時間（短縮時間）×処理件数×賃率	3分×100件=300分/日	15千円/日	×
スペースのムダ	活スペース面積×賃借料（単位面積当り）	1,000㎡	2,000千円/月	◎

図表5.2.8　ムダの金額換算

5.2.6 新発想のムダ改善の手順   61

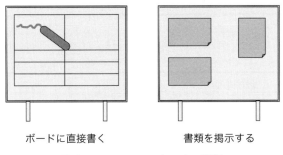

ボードに直接書く　　　　書類を掲示する

図表 5.2.9 VM ボードの設計

名などが記載された改善実施計画を作成して VM ボードに貼り，メンバー全員がわかるようにする（図表 5.2.9）。

○手順 8　VM によるコストダウン目標管理の実施

手順 7 で作成した VM 用資料を用いて，目標の達成に向けコストダウン活動を展開し，計画に対する進捗状況を，週および月間サイクルで確認する。そのとき，計画よりも遅れていたり問題点が発生した場合には，原因や問題点を追求して対策を検討し，必要があれば当初の改善計画を修正する。そして，毎月，改善目標値に対する実績値，予想効果金額に対する実績効果金額を比較してコストダウン目標管理を行う（図表 5.2.10）。

VM によるコストダウン目標管理を実施するに当たっては，VM ボードに必要な資料を掲示するなどのマネジメントを実施する。成功させるための留意点は以下のとおりである。

①コストダウン目標管理と進捗状況，達成状況の検討は VM ボードの前で行うこと

会議室でファイルに綴じられた書類やプロジェクターの画面を見ながら報告したり，発表を聞くやり方をやめる。VM ボードの前に行けばいつでも資料を見ることができ，部下と打ち合わせ，指示・指摘やアドバイスができるよう，PDCA サイクルを回しながらマネジメントを実施する。

②PDCA の内容や推移がいつでも，容易にわかるようにすること

VM ボードの前で話し合われ，決定された事項については，パソコンではなく即刻，手書きでボードの帳票に記入するようにする。

③計画に対する進捗状況が一目でわかるようにすること（◎○△×印などで識別）

④目標値の達成状況が一目でわかるようにすること（各種マークによる工夫）

このように VM によるコストダウン活動を推進することによって，目標を達成するとともに管理・監督者のマネジメント力（管理力，改善力）の向上，社員の原価意識や実行力の向上など大きな成果をあげることができる。

達成率凡例: ◎ 達成率100%以上 / ○ 達成率99〜80% / △ 達成率79〜60% / × 達成率59%以下

項目番号	管理指標	目標値		4月	5月	6月	7月	8月	9月	累計実績	達成度
1	Aライン工数削減金額	25,000万円	目標	200万	200万	2,100万	2,500万	2,500万	2,500万	2,500万	○
			実績	160万	160万	1,990万				2,310万	
2	製品不良発生件数	α 24件以下/年 (2件以下/月)	目標	2件以下	2件以下	2件以下	2件以下	2件以下	2件以下	6件以下	◎
			実績	3件	1件	2件				6件	
3		β 60件以下/年 (5件以下/月)	目標	5件以下	5件以下	5件以下	5件以下	5件以下	5件以下	15件以下	×
			実績	9件	11件	12件				32件	
4	生産性(1人当たり生産高/月)	400万円/月	目標	400万	400万	400万	400万	400万	400万	400万	○
			実績	350万	380万	380万				平均370万	
5	設備修繕費の削減額	300万円/上期	目標	50万	50万	50万	50万	50万	50万	150万	◎
			実績	45万	80万	85万				210万	
6	製造費用削減額	300万円/上期	目標	50万	50万	50万	50万	50万	50万	150万	◎
			実績	88万	80万	85万				253万	
7	α β各々に対し、重大クレーム件数	1件以下/年	目標	0件	0件	0件	0件	0件	0件	1件	○
			実績	0件	0件	1件				1件	
8	α β各々に対し、軽微クレーム件数	5件以下/年	目標	0件	0件	0件	0件	0件	0件	2件	×
			実績	1件	1件	1件				3件	
9	期末在庫削減率(工程内仕掛り)	対前年度比 50%削減	目標	50%減	50%減	50%減	50%減	50%減	50%減	平均50%減	◎
			実績	40%減	80%減	80%減				平均66%減	
10	多能化率	10%向上/対前年度比	目標	10%向上	10%向上	10%向上	10%向上	10%向上	10%向上	平均10%向上	○
			実績	5%向上	9%向上	9%向上				平均8%向上	
11	5S評価点	80点	目標	70点	70点	70点	80点	80点	80点	80点	◎
			実績	60点	65点	70点				—	

図表 5.2.10 コストダウン目標管理の実施

5.3　事務の業務改善活動

5.3.1　事務仕事の生産性向上の必要性

　現在，日本の食品企業で最も大きな問題となっているのは，少子化による人口減少であり，そのため求人募集をしてもなかなか人が集まらず，結果として人手不足になっていることである。日本は1人当たりの生産性が先進国の中では低い国である。就業1時間当たりで見た日本の労働生産性は約41ドルと，OECD加盟34ヵ国中21位となっている。さらに，主要先進7ヵ国では最下位である（「日本の生産性の動向2015年版」参照）。

　トヨタ自動車の"カンバン方式"や"カイゼン"に代表されるように，日本の工場はいかに生産性を上げるかを日々追求してきた。しかし，「労働規制，人材活用，働き方改革，ワークライフバランス等の課題があるが，みんな仕事が忙しくて対応できない……」「定時に帰るように言われているけど仕事が終わらない……」といった状況では，事務部門の働き方・休み方改革はなかなか進まない。そのための業務効率化に取り組んでも，ムダな仕事は一度は削減されても，しばらくするとまた溜まってしまうという繰り返しである。

　このようなことから，食品企業が生き残り，発展していくためには，生産現場の改善だけではなく，事務部門の業務を改善していくことが重要である。そこで，事務仕事の内容を「見える化」し，業務改善を継続する仕組みをつくっていくことが必要となってきている。

5.3.2　目指すは良質な情報の適時提供

　多くの工場で見受けられる事務部門（営業，研究開発，生産管理，生産技術，品質保証，製造事務）の業務に関する問題点としては，次のような項目を挙げることができる。

- 情報の共有化と業務の標準化が十分に行われておらず，仕事が個人任せになっている
- 仕事量（仕事の負荷）や仕事の進み具合がつかみにくく，余力があるのかないのか，計画通りに進んでいるのかいないのかがわかりにくい
- 異常や問題点がわかりにくく，後始末的な仕事や後追い的管理に余計な時間を取られている
- 仕事の結果（生産性，納期，質など）の良し悪しがわかりにくいため，成果が判断しにくい

食品工場の事務部門において大事なことは，生産性の向上，工数の低減，業務のリードタイム

短縮，納期遅れを減らし，人と仕事の質を向上させ，最終的に少数精鋭体制を確立することである。そのために，生産現場に役立つ情報やサービスをタイムリーに提供し，事務部門が要因の生産や納期の遅れ，不良・クレーム，その他のトラブル等をなくすようにするのである。

そのため，生産現場だけでなく，事務部門においてもVMを推進し，それにより業務改善活動を展開して，原価の低減と収益の増大を図っていくことが不可欠である。

事務部門におけるVMとは，「職場全体として，あるいは仕事別や個人別といったくくりで，仕事の内容／実施状況／スケジュール／計画からの遅れや進み具合／問題点や異常の発生状況／処置・対策・行動状況といった事柄を目で見て把握でき，不都合な事態や悪い結果が生じる前に事実を的確にとらえて早めに処置し，不都合な事態が発生した場合は，原因を究明して再発防止対策を立てて実施する」という管理のやり方である。

具体的には，以下のような日常の業務と管理の「見える化」を実施する。

・職場全体の主要業務（改善を含む）の計画と進捗状況，および問題点と処置・対策が一目でわかるようにする
・各人の業務予定（月間／週間／本日）と実績，および進捗状況が一目でわかるようにする

後者を「個人別業務日程管理」といい，次項で詳しく説明する。

5.3.3 事務部門の改善に有効な「個人別業務日程管理」

事務部門では業務日程計画を立て，予定通りに業務を遂行できたかを管理することが求められている。「個人別業務日程管理」とは，個人別の「仕事の内容／量／スケジュール」「行動状況／仕事の遅れや進み具合」などが目で見てわかるようにしておき，仕事の遅れが生じる前に早め早めに現状を的確に把握し，タイムリーに対策を立てて実施する管理方法である。

また，日々の仕事の負荷や担当者別の負荷状況がわかるので，管理者が仕事の平準化を的確に指示することができ，職場全体の業務を効率よく進めることが可能になる。さらに，各人が行動計画をつくり進行を管理しながら計画的に仕事を実施することによって，仕事の効率化を図ることができる。

個人別業務日程管理は，いわば個人の行動管理であり，職場の各人の行動が適切に計画され実施されているかを管理者や本人が管理することといえる。

個人別業務日程管理が不十分だと，以下のような問題が発生することがある。

・月のうちある一定時期だけ非常に忙しくなり，残業となる
・職場の特定の人だけが忙しく，業務が遅れる
・個人の計画が見えないため，職場としての最適な仕事の割り振りができない
・個人の仕事の遅れがわからないので，後になって日程遅れが生じる

5.3.3 事務部門の改善に有効な「個人別業務日程管理」

- 業務の標準時間が不明確なので，だらだら仕事をしても管理者がわからない
- 目標管理テーマの進捗が遅れて，目標を達成することができない

これらの問題を解決するために，管理者は部下の行動計画と実績，仕事量，仕事の進行状況などを把握し，仕事の日別／担当者別の平準化や遅れ／進み具合に関する対策を的確に実施する。個人別業務日程管理の運用に際しては，次の2つの表を用いるとよい。

①個人別週間行動計画・実績表（図表 5.3.1）

週末に次週の行動計画を立て，上司の確認をもらい VM ボードに掲示する。毎日，仕事の終りに日々の実績と問題点／対策を記入する。さらに，計画修正欄に翌日の修正計画を書き込む。上司はその内容を VM ボードで確認して，コメントを記入する。

②月間業務日程計画・実績表（図表 5.3.2）

月末に次月の行動計画を立て，上司の確認をもらってから VM ボードに掲示する。その際，標準計画時間も記入する。上司は仕事の平準化がなされているかどうかをチェックする。特定の人に仕事が集中している場合は，時間が空いている人に仕事を振り分ける。担当者は毎日，業務日程計画・実績表に実績時間を記入し，複数日にわたり行った仕事の実績時間を加算して，標準時間の実績欄に記入する。仕事の遅れや，計画時間に対する実績時間の大幅なオーバーは，問題点対策欄に記入して改善していく。

このように業務日程管理を実施することにより，月度内の負荷状況や1日に必要な業務時間を把握することが可能となる。さらには，業務の平準化や所定労働時間の中で効率的に業務を実施

個人別週間行動計画・実績表		部署：生産管理部			氏名：山田太郎
	○月△日（月）	○月△日（火）	○月△日（水）	○月△日（木）	○月△日（金）
計画	・製販会議 ・週次実行計画作成	・M工業向け中日程計画作成 ・S自動車向け日程調整打合せ	・N精機との仕様打合せ ・生産管理部内打合せ	・製造部との生産計画会議	・在庫調整会議 ・POPシステム打合せ ・事務所の5S
計画修正		・負荷計画の見直し		・N精機用の在庫部品の調査	
実績	・週次実行計画は予定通り作成完了	・すべて予定通り完了部署：生産管理部済み，問題も特になし	・N精機との打合せでは，納期変更が提示された	・N精機の納期変更については，対応できることになった	・POPシステム打合せが長引いたため，事務所の5Sは来週の火曜日に変更 ・その他は計画どおり
問題点／対策	・製販会議では，来期の販売計画が出されたため，負荷計画を見直し		・生産計画にN精機分の日程計画に対応した製造部との調整，在庫部品の調査が必要		
上司コメント	・来期の販売計画の妥当性を確認すること		・製造部の調整が難しければ，再度N精機と打合せのこと		

図表 5.3.1 個人別週間行動計画・実績表

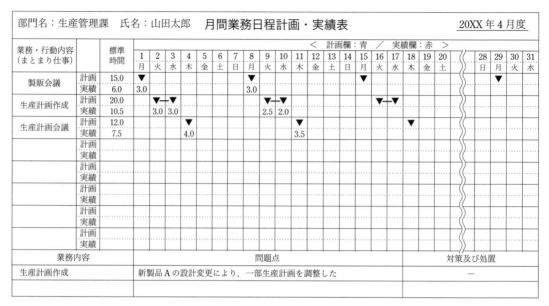

図表 5.3.2 月間業務日程計画・実績表

するための改善を進めることができ，残業時間の削減や業務のリードタイムの短縮効果が得られる。

5.3.4 部門別の機能分析と改善のためのポイント

食品企業の事務部門で，不必要な仕事をしていないか，他部門と重複した仕事をしていないかを調査することは業務改善に効果的な手段である。具体的には，部・課別に必要不可欠な機能と不必要な機能を明らかにする「部・課別機能分類表」（図表 5.3.3）を作成する。作成の手順，および分析・評価のポイントは次のとおりである。

①各部・課が果たすべき機能を中分類，小分類で示す

②各部・課の管理職が集まり，必要不可欠な機能（「実施中」「不十分」「実施していない」に分類）と不必要な機能を明らかにする

③各部・課の本来の目的，役割から，「現在実施している業務はやめられないか」「現在実施していないが今後実施すべき業務がないか」「さらに強化，充実すべき業務がないか」について検討する

④単位業務が2つ以上の部門にまたがっている場合，「本当に必要なのか」「業務が重複していないか」「1つの部門に統合化できないか」について検討する

⑤単位業務が1つの部門にのみ集中している場合，「他部門に分散化した方がよいのではないか」という観点で検討してみる

○実施中　△不十分　×実施していない　●不必要

中分類	小分類	部門	業務部 資材課	業務部 生産課	業務部 業務課	製技部 生産技術課	製技部 設備技術課	開発課	第一製造部 1製課 ライン	第一製造部 1製課 スタッフ	第一製造部 2製課 ライン	第一製造部 2製課 スタッフ	第一製造部 3製課 ライン	第一製造部 3製課 スタッフ	第二製部 品保課	第二製部 1製課 ライン	第二製部 1製課 スタッフ
(4) 生産技術	40	設備技術管理					○		○	○		△	×				
	41	設備計画				○		○	●			△		○	△		○
	42	設備保全				×	●		○	○	△	○	×	×		○	○
	43	工程改善				○	△		○	○		○	△				
	44	設備設計				○			△	△				△			
	45	初期流動管理	△				△		●	○	○						△
	46	動力管理							○		△	△	×			○	△
	47	公害対策				○			●	○	○			○		○	○
	48	工程設計				○	△	△	○	△				△			○
	49	生産技術開発				○		△									

図表5.3.3　部・課別機能分類表

これらの検討の結果、部門長が集まってそれぞれの機能を再配分する。そして実際に実施したときに、問題が発生しないかチェックする。

5.3.5　個人別業務分析と改善のためのポイント

次に、個人別に、効果的な仕事をしているか、無駄な仕事をしていないかという点について評価する。具体的には、個人別の業務量を調査するため「まとまり仕事調査表」を担当者に配布し、1ヵ月間毎日、「まとまり仕事」ごとの実績時間を記入してもらう（図表5.3.4）。それによって、担当者ごとに時間配分が明らかになる。それを、部署の直属の上司が回収して、内容をよくチェックする。そして担当者と話し合い、今後減らしたい業務や増やしたい業務について明確にしていくことで、時間配分における改善を図ることができる。

次に、部署全員のデータを集計して、部署全体の業務量を分析するため、「まとまり仕事分析表」を作成する（図表5.3.5）。この表から、以下の観点で業務を分析・検討する。

・どの業務に負担がかかっているかを明らかにし、業務改善を検討する
・適切な担当者が実施しているかどうか（例えば、派遣社員が実施すべき業務を管理職が実施していないかなど）
・ある業務が特定の人に集中し、納期遅れや残業が発生していないか
・減らしたい業務（クレーム処理など）にかかる時間が多ければ、他部署も含めて根本対策を検討、実施する

まとまり仕事調査表　（購買課：山崎）　斜体：増やしたい業務

単位業務	まとまり仕事	20XX年9月 1	2	3	4	5	6	…	30	合計	割合(%)
1 企画立案・設計試作	00 パッケージ設計・試作関連	1.0								1.0	
	01 容器設計・試作関連									0.0	
	02 DR, 打合せ関連（資料作成含む）									0.0	
	03 再設計, 再試作									0.0	
2 発注	20 中長期材料計画関連									0.0	
	21 海外発注業務関連	1.5								1.5	
	22 原材料・仕入品発注修正検討	1.0								1.0	
	23 原材料・仕入品発注確定作業（事務作業）									0.0	
	24 経費依頼処理									0.0	
	25 業者への支給品・在庫管理									0.0	
3 納品	30 請書確認, 納品伝票確認関連									0.0	
	31 納期管理, 問合せ	0.5								0.5	
	32 納期調整, 手配変更関連									0.0	
	33 初期品品質確認									0.0	
	34 品質不良対応関連（返品・クレーム含む）	2.0								2.0	
4 改善	40 *価格交渉*									0.0	
	41 *コストダウン検討*	1.0								1.0	
5 その他	50 *改善関連（プロセス改善など）*									0.0	
	51 教育関連									0.0	
	52 全体打合せ, 報告関連	1.0								1.0	
	53 不明									0.0	
	合計時間（通常8時間）	8.0	0.0	0.0	0.0	0.0	0.0	0.0	0.0	8.0	
	残業時間	0.0									

図表 5.3.4　個人別の業務量調査（まとまり仕事調査表）

さらに、「まとまり仕事分析表」を見ながら、不必要な業務をリストアップしていく。「本当に必要不可欠な仕事」とは、それをやめてしまったら明らかに不具合や問題が発生し、マイナスの影響が出てしまう仕事である。この視点に立って、現在の業務について、やめる、もしくは削減することができないかを検討し、「不必要・削減業務一覧表」（図表5.3.6）に記入する。

不必要な業務は、以下のような原因で発生する。

・仕事の必要性について十分に検討しないまま、惰性で仕事をしている
・他部門や他の担当者の仕事をよく理解していないために重複した仕事をしている
・仕事の手順と方法が不備なために不必要な仕事をしている

その仕事をやめても明らかな不具合が発生しない、または別の方法で解決できる業務は「即やめる」、やめた場合に問題が発生するか不明確な場合には、「一時やめる・なくす」に分類する。

また、「事務作業のムダとりチェックリスト」に基づき、ムダの事例をリストアップしていく方法もある（図表5.3.7）。そこで出されたムダに対しては、削減策を関係者で考え実施していく。

まとまり仕事分析表 （商品管理課）							
単位業務	まとまり仕事	消費時間（H/月） 10名				合計	割合(%)
		山田課長	鈴木係長	社員5名	派遣3名		
0　総括	00 会社全体に関する事項	10.0				10.0	
	01 工場に関する事項	20.5				20.5	
	02 商品管理課に関する事項	50.3				50.3	
	03 対外折衝に関する事項	30.3				30.3	
1　出荷（事務）	10 出荷計画		50.5			50.5	
	11 受注入力，出荷売上		30.4			30.4	
	12 在庫引当		20.3	15.8		36.1	
	・・・・・						
2　出庫（事務）	20 出庫表作成			37.5		37.5	
	21 出庫指示			40.8		40.8	
	・・・・・						
	・・・・・						
3　出庫（作業）	30 出庫受付			34.0	58.8	92.8	
	31 ピッキング			255.3	305.3	560.6	
	32 現品点検			53.3	105.5	158.8	
	33 作業管理		10.5	39.5		50.0	
4　その他作業							

図表 5.3.5　部門別の業務量分析（まとまり仕事分析表）

不必要・削減業務一覧表					
部門：生産管理		作成者：山崎康夫		作成日：20XX年2月1日	
区分	単位業務	まとまり仕事	書類名	削減内容・理由など	削減業務量
即やめる・なくす	労務管理	残業時間集計	残業時間集計表	総務提出の残業管理表と重複	3時間/月
	・・・・	・・・・	・・・・	・・・・・	・・・・
				小計	
一時やめる・なくす	製造データ管理	製造データ月間分析	製造データ分析表	分析データを活用していない	10時間/月
	・・・・			・・・・・	・・・・
				小計	
				合計	

図表 5.3.6　不必要業務の削減（不必要・削減業務一覧表）

観察職場・作業：営業部		観察者：山崎　康夫	観察日：20XX年2月1日
ムダの種類		チェック	観察されたムダの事例・改善案
探すムダ	事務用品，什器を探す		
	備品・消耗品を探す		
	置場・収納保管場を探す		
	書類・ファイルを探す	×	過去の見積書を探すのに時間がかかる
	人を探す		
仕事のムダ	優先度の低い仕事を行う		
	成果の低い仕事を行う		
	不要な電話・メールをする		
	役割分担が不適切	△	営業事務で忙しいときに分担しない
	期限を決めずにダラダラ仕事をする	×	時間内で仕事完了の意識が低い
	準備不足で仕事をする		
書類のムダ	必要性の低い書類を作成する	△	内部資料作成に時間を取られている
	書類の枚数を多くする		
	同じような目的の書類を複数作成する	△	営業日報と営業週報がある
	不必要な記載が多い		
	コピー・配布をしすぎる		
	不要な書類を保管・ファイルする		
会議のムダ	目的がはっきりしない会議を開く		
	報告主体の会議を開く		
	ダラダラと時間も決めずに会議を進める	×	営業会議の時間が長すぎる
	必要ない人まで会議で時間を拘束する		
	建設的な意見がでない会議を開く		
	何も決定しない会議を開く		

図表5.3.7　事務部門のムダ削減（事務作業のムダとりチェックリスト）

5.3.6　業務改善は多能化が前提

個人別業務日程管理では仕事を平準化することが多いが，そのためには従業員の多能化ができていないと仕事を振り分けることができない。多能化が求められるのは，何も生産部門の作業者に限った話ではない。確かに，これまでの食品工場では，とかく製造部門において多能化が推進されてきた。しかし，これからの人口減少において食品企業が生き残り，発展していくためには，事務部門でも多能化を推進し，少数精鋭体制を実現して人の効率的活用を図っていくことが不可欠である。ただし，専門的な知識と技能を必要とする業務・作業については従来通り，従業員の適正を見たうえで専門職として養成していくことが必要である。

多能化と個人別業務日程管理を組み合わせることにより仕事の平準化を推進できるが，それ以外にも，以下のようなメリットが期待できる。

・1人で多業務/多工程を受け持てるようになり，業務・作業の効率化を実現できる
・仕事量に対する能力のアンバランスを解消できる
・欠勤や業務/工程の遅れによる納期遅延を軽減できる
・助け合いによって職場のチームワークが向上する
・従業員の潜在能力を発掘できる

・業務の標準化/簡素化が促進できる
・改善提案件数が増える

5.3.7　業務プロセス改善の推進

　業務プロセスとは，前のプロセスのインプットを受けてアウトプットを出す活動であり，業務改善はプロセスに着目して進めると，体系的かつ効果的に進めることができる。この手法は，研究開発部門など非定型業務の割合が大きい部署に効果を発揮する。以下に手順を示す。

○業務プロセスのフローチャート化
　・改善したい業務プロセスの範囲を決める
　・業務プロセスの順番，部署，業務遂行の基準とインプット，アウトプットをプロセスチャートにまとめる

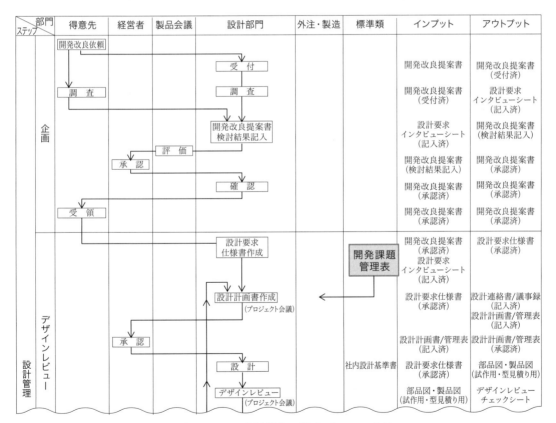

図表 5.3.8　研究開発の業務プロセス改善

・拡大したプロセスチャートをボードに貼り，体系的に業務プロセスを把握する
○問題点，改善点の発見

問題点，改善点を発見するポイントは，以下のようなことである。

・業務のリードタイムを長くしているプロセス（業務）に着目する
・管理サイクル（月，週，日など）の適切性に着目する
・やり直し業務など，業務品質に着目する
・中間アウトプットについては，「なくせないか」といった視点で帳票を精査する
・複数の部門にまたがるプロセスは，1部門で完結できないかどうかに着目する

図表5.3.8に，研究開発部門における実践事例を示した。検討の結果，「開発課題管理表」を追加することにより研究開発における品質が向上し，業務プロセス改善が成功した。

改善計画を確実に実施するためにはVMボードで進捗を管理し，業務フローチャートと業務手順書を作成することがポイントである。

5.4 見える目標管理活動

5.4.1 目で見える方針・目標管理の必要性

　食品企業の多くは，収益向上を実現するために方針・目標管理を実施しているが，"活動計画書を作成し，承認されるとファイルに綴じる"という「見えない」目標管理を実施している。その結果，3ヵ月ごとの方針・目標報告会の間際になるとあわてて実績を調べ報告書をまとめるという，その場しのぎの経過報告となっており，結果として，目標の達成度合いが低いものとなっている。このような「見えない」方針・目標管理では課員全員の参画は難しく，計画に基づいて実施されているかどうかがわからない。また，結果だけの管理となり，魂の入った活動になっていないことが最大の課題となっている。

　もう1つの問題点として，方針・目標の連鎖が図られていないことが挙げられる。つまり，上位の方針・目標と下位の方針・目標が連鎖していく形に設定されていないため，成果が不十分となっているのである。特に，業績の向上に結びつく管理・改善指標となっていないため，部分的に目標を達成しても全体としては未達成となってしまうのである。

　また方針・目標の中身を見てみると，"だれが，いつまでに，どのようにする"といった具体的な実行計画まで作成されておらず，目標達成のためには不十分な内容であったりする。すなわち，P（計画）に対するD（実施結果），C（問題点・原因究明），A（処置・対策）が十分行われておらず，結果報告のための方針・目標管理となっている。

　これらに対する打開策としては，方針・目標を「見える」ようにし，目標に対する達成状況が一目でわかるようにすることである。達成状況がわかると，未達成の原因として，"やるべきことを実施したのか""実施したが，やり方がまずかったのか"どうかが見極められる。

　このように，「見える方針・目標管理」でPDCAサイクルを回していくことで計画（P）が精査され，当初計画の方策内容でよいのか討議される。当初の計画では達成できないと判断されれば，達成できるよう変更する。また実施（D）に問題があれば，なぜ実施できないのか，実施する力量がないのか等を検討し対策をとる。また，チェック（C）・アクション（A）に問題があるようなら，ルールを作り確実に実施するようにして，効果的な方針・目標管理ができるようにする。

5.4.2 方針・目標管理のテーマ設定の重要性

企業の方針・目標を設定する際のポイントは，次のとおりである．

①企業の経営目的及び戦略的な方向性に関連し，それを達成するために影響を与える「外部及び内部の課題」を明確にする

②「顧客のニーズ及び期待」を理解し，現在それに沿って企業活動しているか，不十分な点はないかを分析する

③前述の「外部及び内部の課題」と「顧客のニーズ及び期待」から，企業にとっての「リスクと機会」を抽出し，方針・目標決定の情報の1つとする

④前年度の方針・目標の項目が適切だったか，また目標が達成されているかを省みて，本年度の方針，目標を設定する

特に①～③については，ISO9001 の 2015 年改訂版にも要求事項として記述されており，これから多くの製造業が本格的に対応していくべき項目となっている．

まず，①の「外部及び内部の課題」については，経営層を集めて SWOT 分析[*1]を実施し，内部環境と外部環境のプラス面とマイナス面を抽出する（図表 5.4.1）．これは，1 年ごとに見直すとよい．

次に，②の「顧客のニーズ及び期待」については，経営層と営業幹部，研究開発幹部を集めて，ブレーンストーミング形式でリストアップする（図表 5.4.2）．「顧客のニーズ」と「顧客の

[*1] SWOT 分析：組織を「強み（Strength）」「弱み（Weakness）」「機会（Opportunity）」「脅威（Threat）」の 4 つの軸から評価する手法．企業戦略の立案時などに用いられる．

作成：20XX 年 4 月 1 日

	プラス（強み）	マイナス（弱み）
内部環境	1. 新工場で食品開発のための実験室が新設された	1. 開発者の年齢構成が 40 歳代と 30 歳以下に偏っており，中堅開発者が少ない
	2. 麹の関連技術を要している	2. 新商品開発をするが，技術先行型であり消費者に受け入れられない
	3. ・・・・・・・	3. ・・・・・・・

	プラス（機会）	マイナス（脅威）
外部環境	1. 食の健康志向ブームが来ている	1. ライバルメーカーの B 社が麹技術で力をつけてきている
	2. ライバルメーカーの A 社が撤退した	2. 当社の製品は，カロリーが高くなりがちである（カロリーを気にする消費者が増えている）
	3. ・・・・・・・	3. ・・・・・・・

図表 5.4.1 SWOT 分析表の例

作成：20XX年4月1日

顧 客	顧客のニーズおよび期待	具体的対応策
A社（卸） 売上比率 30%	1. 積極的にコスト低減を提案して欲しい 2. ○○製品群のリードタイムを短縮して欲しい 3. 昨年異物混入があり，再発防止を徹底して欲しい	研究開発・購買を中心にVEを提案していく ○○製品群の製造リードタイムを○日短縮する 食品安全のヒヤリハット*活動を実施する
B社（小売） 売上比率 20%	1. クレーム発生時のレスポンスを上げて欲しい 2. △△製品群のコストを低減して欲しい 3. ××製品群の納入ロットを小さくして欲しい	品質保証にてクレーム納期回答ルールを作成 製造，生産技術により，3%原価低減する 生産管理課で6月までに対応

*ヒヤリハット：重大な食品事故には至らないものの，直結してもおかしくない一歩手前の発見のこと。

図表5.4.2 顧客のニーズおよび期待一覧表

期待」は意味合いが異なり，特に「顧客の期待」をリストアップする場合，直接顧客または間接顧客が真に何を求めているか分析する。

導き出された「外部及び内部の課題」と「顧客のニーズ及び期待」に基づき「リスク及び機会」を抽出し，方針・目標および達成手段を決めていく。

5.4.3　VMによる目標管理の展開

VM（目で見る管理）による目標管理の展開手順は，以下のとおりである（図表5.4.3）。
　①現状の方針・目標管理の問題点の明確化
　　成果が上がらないマネジメントシステムについて，問題点や改善方向を明らかにする。

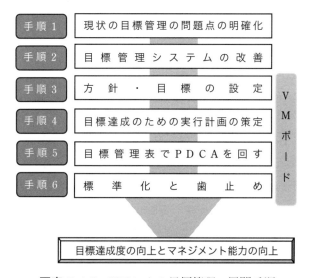

図表5.4.3 VMによる目標管理の展開手順

②方針・目標管理マネジメントの改善

①の問題点の改善後にVMボードで方針・目標管理を展開する。方針・目標管理マネジメントの改善ポイントは以下のようなことである。

- 会社の経営方針・目標を統合しVMボードで一元化する
- 会議マネジメント，ファイルマネジメントを基調とした方針・目標管理の帳票を，VMボードでPDCAサイクルを回せる帳票に改善する。つまり，書かれている内容が一目で理解し打合せできるように，字の大きさ，字数，図式化，グラフ化などの工夫を取り入れる。

③方針・目標の設定

方針・目標については，下記に示すチェックポイントを考慮して設定すると，上からの押しつけでなく，魂の入った方針・目標となる。

- 職場の役割・使命，管理者の役割・使命を明らかにし，その役割・使命を果たすための方針・目標を考慮すること
- 前年度の反省を充分に行って，本年度の方針，目標を設定すること
- 全社，部門間のキャッチボールを心掛け，目的と手段，目標値の連鎖を図ること
- 全社，部門，部署間の方針・目標が連鎖するように設定すること
- 定量的な目標値を設定し，最大限の努力をもって達成できるレベルにすること

さらに，上位目標と下位目標をつなげた目標連鎖体系図を作成し，方針・目標が互いに連鎖するようにする（図表5.4.4）。

④方針・目標達成のための実行計画の策定

実行計画の作成は，方針・目的達成のために極めて重要である。なぜならば，PDCAサイクルを回すうえでは計画が軸になるため，計画内容が的外れだったり不十分であると，やることはやっているが結果がついてこなくなり，方針・目標達成はおぼつかなくなる。したがって，実行計画のポイントは「だれが，いつまでに，どうする」といったことを具体的に決めることである。

⑤目標管理表でPDCAサイクルを回す

実行計画に従って実施し，実績を把握することにより達成，未達成がわかり，その結果から反省・問題点，課題と対策が明らかになる。

課題別に実施状況，実績とPDCAすべてがわかるのが，目標管理表である。目標管理表をVMボードに掲示し，担当者が実績，実施状況，実施結果，反省・問題点，課題・対策を記載して，誰でも，いつでも見えるようにしておく（図表5.4.5）。月次または週次で管理者によるレビューとコーチングを行いながら，管理（PDCA）サイクルを回していくことに

5.4.3 VMによる目標管理の展開

期間：20XX年10月～20XX年3月（下半期）　　　　　　　　　作成日：20XX年9月1日
○○給食株式会社

事業所	部	課	項目	課題・内容	金額(千円)
全体					
	商品開発部		精米の原価低減	①20XX年産の価格交渉　②新規メーカーの検討	10,000
			野菜等の原価低減	①契約農家を増やす　②新規メーカーの検討	5,000
			包材の原価低減	①未交渉先の継続交渉　②メーカーの絞り込み	2,000
	製造部	炊飯課	米の歩留まり向上	①廃棄原料の削減	300
		惣菜加工課	水道光熱費の削減	①ガス使用量の削減　②水道使用量の削減	120
		盛付課	作業の生産性向上	①現状20人を18人に削減する ②自動ラベル貼り機の導入	1,200
		‥‥‥	‥‥‥	‥‥‥	‥‥‥
	営業部	量販課	利益率の高い商品提案	商品別原価と量販店別の利益を算出し、ライバル商品と比較しながら量販店バイヤーに新商品を提案する	2,000
				各部門計	25,000

図表 5.4.4 コストダウンの目標連鎖体系図

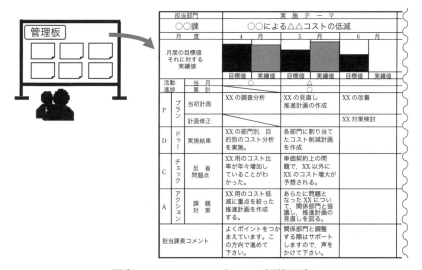

図表 5.4.5 コストダウン目標管理表

管理業務	コストダウン管理	管理単位	ライン別製品別
管理指標	工数低減率	管理サイクル	月, 日
	運用ルール（原則：5W1H）		
目的	ライン毎の工数低減目標および計画を立て，実行することにより，実績工数，差異理由を明らかにし，対策をとることにより工数低減目標を達成する。		
目標	工数低減率10％以上（期首標準工数対比）		
計画	ラインリーダーが期首に計画部分を記入し，係長が確認，課長が承認する。		
実施結果	担当者が計画を実施した時に記入する。		
実績 反省・問題点 課題対策	原則，担当者が翌月1稼働日までに記入する。 但し，反省・問題点，課題対策は，その都度記入する。		
評価	担当者が翌月1稼働日までに次の評価マークを貼付する。 　　◎　達成　　　　△　未達成　　　　✕　ほとんど未実施		
上司コメント	係長，課長が対策会（翌月2稼働日）前までに記入する。		
計画の修正	原則，担当者が翌月1稼働日までに記入する。		
対策会	翌月2稼働日の朝会にて，VMボードの前で打合せを行い，その場で処置と対策を決め，係長が確認する。		
責任	対策指示責任者は課長とし，実施責任者を係長とする。		

図表 5.4.6　目標管理運用ルール表

より，難しい目標であっても達成が可能となる。

⑥標準化と歯止め

　目標管理を展開していくためには運用ルールと基準を設定することが大切である。VMによる目標管理の運用ルールに関しては，目的と5W1Hに基づいた手順を設定する。図表5.4.6に製造部門のルール表の例を示した。評価基準としては，達成状況や進度状況が一目でわかるように，職場ごとでなく，全社統一した基準が望まれる。設定された運用ルールと基準は，VMボードに掲示することで実施率を高めていく。

5.5 原価管理による改善活動

5.5.1 管理会計の必要性

　コンサルティングで食品企業の現場に携わる者として最近よく感じることは，今や原価低減は限界に近づいてきており，さらなる改善が難しいということである。そのような状況を詳しく分析してみると，工場部門は製造原価しか見ていないために，採算の合わない製品を作り続けている。一方，営業部門は売上至上主義で，製品の値引きを過剰に行い，作れば作るほど赤字を出す体質となっている。2008年のリーマンショック以前は，どんぶり勘定でもトータルで収益が取れていたが，リーマンショック以降は，製造業の競争環境が激化し，製造現場がいくらコスト削減に努力しても追い付かなくなってきている。

　本項では，管理会計の診断手法の考え方である「目的別管理会計診断」を適用した「製品別原価管理による改善活動」について，その考え方を論じ，企業における適用事例を紹介することで，食品企業の収益改善に向けたヒントを述べる。製品別原価管理とは，製品ごとに原価を算出することで利益の出ている製品と赤字の製品を明確にし，前者を主体に製造・販売し，後者は終売の方向に持っていくことにより収益を向上させることである。

　中小製造業において，財務会計である財務諸表は整備されているものの，企業全体の利益報告に留まっており，業績を好転させるための情報になり得ていないことが多い。つまり，会計活動

	財務会計	管理会計
情報提供者と目的	株主，債権者，銀行，税務署等の外部関係者へ経営内容（業績，利益）を公開	経営者や管理者の経営の意思決定や管理改善活動展開の情報提供
会計報告期間	半年もしくは1年	任意（月，週，日⇒速やかに情報を提供）
会計の性質	法的，制度的会計	私的会計（経営管理）
会計単位	一企業全体として業績測定	部門別，責任単位別，製品別，販路別，プロジェクト別　他
情報	過去の情報	過去情報と未来情報
利益構成	売上総利益，営業利益，経常利益　等	付加価値，限界利益，部門貢献利益，製品群別利益　等

※「原価計算」（櫻井通晴著）より抜粋改変

図表 5.5.1　財務会計と管理会計

においては管理会計のしくみが不十分であると言える。

　図表 5.5.1 は財務会計と管理会計の相違点の概要であるが，管理会計の性質や目的について十分に認識している食品企業はそう多くない。また，採算を好転させるために，適切な管理改善を行いたくとも必要な情報を迅速に把握できていないため，適切な会計区分がなされず悩みを抱えている様子を多く目にする。

　一般的に，食品工場における多品種少量生産においては，生産ロットの大小により段取り時間の比率が大きく変わる。さらに，製品（顧客）によって仕様や規格が異なるため品質管理レベルや不良発生状況も大きく異なる，といった点がある。そのようなことから，製品群（品種）別や顧客別など，コストの把握や分析が複雑になってしまいがちである。

　つまり，財務会計の範囲内で業績を把握したとしても，問題点や改善方向が見えてこないのである。そのため，抜本的なコストダウンと採算の好転を実現するため，管理会計のしくみ導入のニーズが増大している。そこで，管理会計の考え方としくみの手法を食品企業に導入するための事項を以下に挙げる。

　　・収益構造悪化の真の原因・問題点を明確にする
　　　（どんぶり勘定を改め，事業部別，品種別，工場別，顧客別に収益構造を明確にする）
　　・品種別，顧客別など，それぞれの目標，予算に対する活動結果を判断手段とする
　　・問題点（損失要因）を把握し，経営意思決定や収益向上策立案の材料とする

　これらは管理会計推進のための土台となる。この土台が不明確なために管理会計から目を背けている企業も多いが，これらの点で管理会計のしくみを構築していくことになる。図表 5.5.2 は，

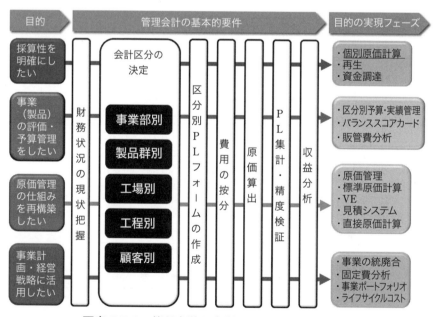

図表 5.5.2　管理会計を実現するための手段体系図

管理会計を目的として，基本的要件を特定し，どこに問題があるのかを診断し，目的を実現するための手段を体系図にしたものである。

管理会計導入に際しての目的としては以下のようなものがある。

・採算性を明確にしたい

・事業（製品）の評価，予算管理をしたい

・原価管理の仕組みを再構築したい

・事業計画や経営戦略に活用したい

管理会計導入の目的を把握したら，次に財務状況の現状を把握して，会計区分（事業部別，製品群別，工場別，工程別，顧客別）を決定する。そこから区分別 PL[*1] フォーム（損益計算書の書式）を作成し，費用を按分，原価を算出して収益を分析し，根本的な問題を焙り出す。ここまでが管理会計導入の第一段階である。ここから先は目的の実現フェーズとなり，個別の企業事情に沿って管理会計手段を実施していき，収益改善を図ることになる。

[*1] PL：Profit and Loss statement，損益計算書。決算時に作成する財務諸表の1つ。

5.5.2 製品別原価管理の必要性

「原価」とは，商品の製造，販売などの経営活動にかかった費用である。原価はいくつかの方法で分類することができる。職種別に分類すると，製造原価・販売費・一般管理費に分類でき，これらを総称して「総原価」という。形態別分類では，製品に直接関係があるものとそうでないもので「直接費」と「間接費」に分類できる。また，原価負担部門分類では「個別費」と「共通費」に分類される（図表 5.5.3）。

原価管理は，まず原価のあるべき姿（標準原価）を設定して，実際にかかった原価（実際原価）を計算する。その標準原価と実際原価を比較して，差異があれば，その原因を調査して対策を講

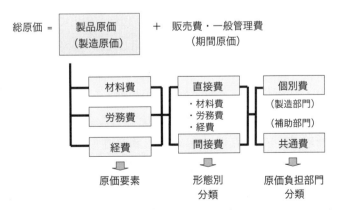

図表 5.5.3 原価の構成

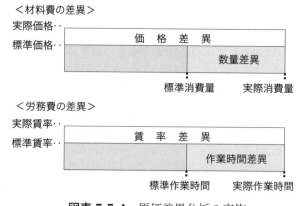

図表 5.5.4 原価差異分析の実施

	実施フェーズ	原価管理の目的	管理会計の役割
原価企画	開発・設計段階	中・長期的利益を実現する「目標原価」の達成「標準原価」の改定	製品別見積原価計算による目標原価の設定と進捗管理 設備投資の経済計算
原価統制	製造段階	「実際原価」と「標準原価」に一致させるためのコントロール	標準原価計算システムによる標準原価の設定と実際原価との差異分析
原価低減	製造段階	利益予算を達成するための「原価低減目標」の達成	予算制度を通した目標低減額の部門への割付と進捗管理 製品別原価分析

図表 5.5.5 原価管理の3つのステップ

じる。例えば，材料費の差異には価格差異や数量（歩留り）差異がある（図表 5.5.4）。また，労務費の差異には賃率差異や作業時間差異がある。原価差異分析の結果を，社長をはじめとする経営層に報告して，企業の収益を確実に把握することが肝要となる。

　この原価管理を行うことで，原価低減を図ることができる。利益を上げることが企業の目的なので，原価管理は大変重要な取り組みであり，原価管理を「原価企画」「原価統制」「原価低減」の3つのステップごとに，「原価の見える化」により目標を達成するのである（図表 5.5.5）。「原価企画」とは，新商品の企画に当たって，製造により利益が創出できる目標原価を設定すること。「原価統制」とは，製造段階において開発部門が出した標準原価と，ラインで流したときの実際原価を一致させるために活動すること。「原価低減」とは，定期的な原価低減目標を達成するために，開発・購買・製造部門などが総力を挙げて活動することである。

　しかし，大半の企業ではこの原価をトータルで出していて，製品別に正確に算出している企業は少ない。この原価管理活動を，製品別・製品群別・顧客別・顧客群別に細かく分析するようにした企業は，筆者の経験上，収益が上がっている。

　営業利益を生み出している製品を増やし，赤字の製品を減らしていくことが，その会社の収益を向上させることにつながる。そのため，売上高の高い製品順に原価を出していき，販売価格か

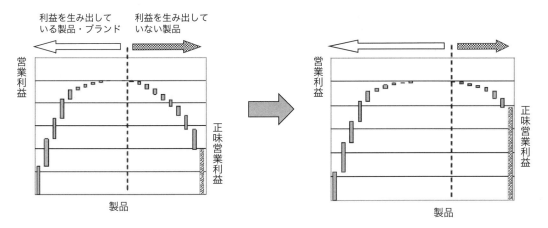

図表 5.5.6 製品別収益分析グラフ

ら製造原価と製品ごとに計算された一般管理費の配賦[*1]額を差し引けば，製品ごとの収益が明確になる。それを図に示したものが図表5.5.6の左のグラフで，これを「製品別収益分析グラフ」と呼んでいる。このグラフをもとに，大きく損失を招いている製品を徐々に削減していくことで，右のグラフのように会社全体の収益改善が可能となるのである。

次に，収益改善の全社的活動として，営業部門および企画・開発部門の活動について触れてみたい。先に示した「製品別収益分析グラフ」は製造現場だけでなく，購買・営業・企画・開発部門の役割と活動の方向性を示唆するものでもあり，場合によっては経営戦略立案の参考にすることもある。

まず営業部門であるが，従来の売上至上主義から脱却し，以下の3点のポイントを営業マンに周知徹底させ，意識して営業活動を実施するとよい。

　①大幅な赤字の製品は，戦略性がない限りできるだけ販売しないようにする。

　②赤字の製品で，当社にある程度競争力があると考えられる場合は，顧客に値上げ要請を行う。

　③利益の出る製品を常に頭の中に描き，機会があれば顧客に提案してみる。

次に，企画・開発部門においては，以下の3点のポイントを製品開発プロジェクトリーダーに伝えて，意識して企画・開発活動を実施するとよい。

　①販売数が多く収益が悪い製品は，代替原料や容量削減などのVE[*2]案を検討する。

　②マーケティングをしっかり行い，長寿命の製品を開発し，他社との競争力をつける。

　③不採算製品については終売にするか，コストを見直したリニューアル製品として企画・開発する。

　　[*1] 配賦：コストを割り振ること。
　　[*2] VE：Value Engineeringの略で，性能や価値を下げずにコストを抑えること。

5.5.3 製品原価の構成と算出方法

次に，製造原価の内訳について説明する。一例として，筆者が原価管理で指導したことのある弁当製造業の製造原価について解説する。

まず，「材料費」であるが，米・惣菜・弁当容器等・調味料などの材料が該当する。次に「設備費」であるが，惣菜を作るために必要なコンロや釜・鍋，米を炊くための炊飯器，材料や製品を入れる冷蔵庫や冷凍庫などがある。そして，ご飯や惣菜を煮炊きしたり，弁当容器に詰めたりする人が必要となり，この人件費を「直接労務費」と言う。さらに，弁当を作るための水道光熱費や設備修理費などの「経費」がかかる。このように，食品企業が製品を作るためには，材料費，設備費，労務費，経費などが必要となり，これらを足したものを「製造原価」と言う。

しかし食品企業においては，製品別原価計算を適切に実施しているところは少ない。材料費を製品別に算出するのは難しくないが，その製品を作るための直接労務費を個別に算出するのは複雑で大変である。月々の直接労務費は，製造従業社員の基本給与・残業代，パート費用・派遣費

品名：○○漬物				工程：製造工程				作成日：20XX年8月1日			
								作成者：山崎			
NO.	加工	運搬	停滞	検査	工程内容	時間(分)	距離	人数	数量	単位	設備	疑問点アイデア
1	○	○	▼	□	原料冷蔵庫	1〜7日間			20	c/s	パレット	
2	○	○	▽	■	検品	10		1	20	c/s	台車	
3	○	●	▽	□	加工室作業台へ移動	0.5	6	1			台車	
4	●	○	▽	□	きゅうり皮むき	120		3	4	ザル		④きゅうり皮むき個人差を測定して時間と出来高を比較する
5	●	○	▽	□	カット・計量	190		5	64	kg		
6	○	●	▽	□	シンクへ移動	0.5	4	1				
7	○	○	▼	□	使用器具洗浄	10		1				
8	○	●	▽	□	器具片付け	0.5	5	1				
9	○	●	▽	□	作業員移動・計量用意	0.5	7	1				
10	●	○	▽	□	精製塩計量	4		1	0.5×2	kg		
11	●	○	▽	□	塩漬け攪拌	3		1	2	タライ(大)		
12	○	●	▽	□	シンクへ移動	0.5	8	1				
13	○	○	▼	□	使用器具洗浄	1		1				
14	○	●	▽	□	器具片付け	0.5	8	1				
15	○	○	▼	□	常温保存				2	タライ(大)		
16	●	○	▽	□	攪拌	3		1	2	タライ(大)		
17	○	○	▼	□	常温保存				2	タライ(大)		
...	...	...	...	...	....	...	...	...	...	......		
40	○	●	▽	□	加工室作業台へ移動	1	12	1	約68	kg	コンテナ	
41	○	○	▽	■	官能検査	1		2	約68	kg		
42	●	○	▽	□	袋折り・準備	13		2	68	袋		
43	●	○	▽	□	袋詰め	25		2	68	袋	コンテナ	
44	○	●	▽	□	冷蔵庫へ移動	1	12	1	68	袋	コンテナ	
45	○	○	▼	□	片付け	2		1				
46	○	○	▼	□	保存				68	袋	コンテナ	
工程数	10	18	14	4		合計						
						時間	距離	人数				
						380	60	9				

図表 5.5.7 製品工程分析による工数算出事例

5.5.3 製品原価の構成と算出方法

用の合計である。製品別の余裕率[*1]を考慮した標準工数を算出し，それに月々の生産個数を掛けたトータルの工数が，前述の社員・パート・派遣社員の総労働時間と合致することになる。

ここで難しいのは，標準工数の算出方法である。例えば，袋詰め・出荷工程のみの単純工程であれば，所要工数に人数を掛けた数値でよいが，工程が長く複雑であったり，複数の製品を同時並行に生産する場合は，製品工程分析を実施する。

ここで，筆者が指導している漬物メーカーの製品工程分析の事例を示す（図表 5.5.7）。この製品工程分析のデータを取る時のポイントは，いかにして製造にかかる時間を正確に導き出すかである。また，分析データには余裕率が入っていないことがあり，実際の作業時間は，これに2～3割の余裕率を掛けることが多い。この余裕率は，工場やラインによってまちまちである。

製品工程分析で，例えば，図表 5.5.7 で4工程目の「きゅうり皮むき」では所要時間に個人差があり，正確な標準時間を設定するのが難しい。そのため，標準時間を設定するには，所定の作業条件・方法の下で，作業者が実際に作業をして所要時間（観測時間）を計り，これを標準的な作業者が正常なペースで行う場合に修正する。これを「レーティング」と言い，修正した時間を「正味時間」と言う。この正味時間に一定割合の時間（余裕率）を付加したものが「標準時間」と

[*1] 余裕率：余裕率＝余裕時間÷正味時間。余裕時間とは，管理上の欠陥や個人的な理由，疲労によって作業が中断されたために生じる遅延時間のこと。

標準時間 ＝ 観測時間 × レーディング係数 × (1＋余裕率)

図表 5.5.8 標準時間の設定手順

（単位：円）

製品	販売単価 a	運送費 b	一般管理費（配賦）c	原材料費 d	外注加工費 e	標準時間 f	賃率 g	直接労務費 h=f*g	製造経費（配賦）i	製造原価 j=d+e+h+i	利益単価 k=a-b-c-j
A	570	20	57	250	20	0.07	1,500	105	86	461	32
B	400	20	40	210	0	0.06	1,500	90	60	360	−20
C	375	18	38	195	15	0.06	1,500	90	56	356	−37
D	800	15	80	335	130	0.09	1,500	135	120	720	−15
E	500	25	50	205	25	0.07	1,500	105	75	410	15
F	300	20	30	100	10	0.06	1,500	90	45	245	5
G	450	18	45	180	15	0.09	1,500	135	68	398	−11
……	……	……	……	……	……	……	……	……	……	……	……

図表 5.5.9 製品別利益一覧表

製品	販売単価 a	月別平均販売数 l	月別平均売上額 m	利益単価 k	月別平均利益額 n	製品別収益改善計画案	担当部署
A	570	32,500	18,525,000	33	1,072,500		
B	400	41,500	16,600,000	−20	−830,000	原材料費の見直し・値上げ検討	購買・営業
C	375	39,000	14,625,000	−37	−1,433,000	製品リニューアルで大幅原価低減	企画・開発
D	800	12,500	10,000,000	−15	−187,500	外注加工費の低減・内製化	製造
E	500	19,000	9,500,000	15	285,000		
F	300	22,500	6,750,000	5	112,500		
G	450	13,000	5,850,000	−11	−143,000	製造工数の削減	製造
……	……	……	……	……	……	……	
主要7製品合計			81,850,000		−1,133,500		

図表 5.5.10 製品別収益改善計画表

なる（図表5.5.8）。このような方法で正確な工数を算出できれば，原材料費や外注費と併せて，正確な製品別原価を算出することができる。このデータをもとに「製品別利益一覧表」を作成し，収益の出ている製品と赤字の製品を明確にしていく（図表5.5.9）。

この製品別利益一覧表では，販売単価・運送費・一般管理費・製造原価などが算出されており，製品別利益が一目でわかるようになっている。製造原価は，原材料費・外注加工費・直接労務費・製造経費で算出されるものである。この製品別利益一覧表によって，製品ごとの「利益単価」が明確になる。図表5.5.9の事例だと，製品B・C・D・Gにおいて赤字であることが見て取れる。この表を「製品群」や「顧客別」でグルーピングしてソートすると，その状況がさらに明確になる。同表の一般管理費は，販売単価に対して配賦率を掛けて算出している。また，製造経費（水道光熱費・設備修理費・消耗品費など）の配賦は，配賦基準[*1]に従って算出することが一般的である。

次に，製品ごとの月別平均売上額と月別平均利益額を算出して，その収益状況を一覧表にする（図表5.5.10）。同表では売上高主要7製品（A〜G）の月別平均売上高合計は8,185万円であるが，月別平均利益額は113万円の赤字となっており，年間では1,360万円の赤字となる。このことから，収益改善プロジェクトを立ち上げ，担当部署を決めて製品別収益改善計画を立案し，実行していくことになる。

[*1] 配賦基準：配賦を行う際に決められている費用配分ルールのこと。

5.5.4　段取り時間の考え方と工数改善

　食品企業によっては，前述した作業の標準時間の測定だけでは原価管理の算出に不十分な場合がある。例えば，焼菓子製造などで発生する金型交換や段取り調整，また分解洗浄などの工程において，このような段取り時間は無視できない。中には，型替えと洗浄時間に2時間程度かかるのに，製品の生産時間はわずか30分となっているケースがある。段取り工数にかかる直接労務費は，全体の段取り工数金額を平均ロット数で除した値となり，1個当たりの製品単価の中で大きなウエイトを占めることになる。

　このように，段取り時間の影響が大きい食品工場では，製品の標準時間とは別に，段取り時間を平均ロット数で除した値も算出して製品別原価に加算する必要がある。収益性改善方法においては段取り工数の削減が基本となるが，顧客に現状の平均ロット数を増やして購入してもらうよう交渉するという方法もある。

　以上，製品別原価管理による収益向上について述べてきたが，筆者のコンサルティング現場における経験によると，この手法を用いれば，経営層に製品別原価の意識が芽生え，収益改善に向かうことは間違いなく，多くの食品企業に適用すべきと思われる。

　工数による原価低減は，製品ごとの標準時間を削減していくことである。そのためには関係者が集まり，細分化された工程ごとに見ていくとムダが浮き彫りになる場合があるので，それを製品工程分析（前出，図表5.5.7）の「疑問点・アイデア」欄に記入していくとよい。

　また，人が介在する工程は所要時間に個人差がある場合が多く，手の遅い人には標準時間近くなるよう努力してもらうようにすると効果が大きい。このような場合の改善方法は，作業の早い人と遅い人をビデオ撮影して，その差を具体的に指摘する方法が効果的である。また，訓練対象者の所要時間を毎月グラフなどで「見える化」しているところもある。

5.5.5　管理会計の改善事例の紹介

　最近，筆者が直面した2つの事例を述べてみよう。まず1つ目の事例であるが，その食品企業S社は従業員50名程度であり，多額の利益は出ないが赤字にならない程度に，地道にモノづくりをしてきた弁当製造業である。このS社の顧客に，売上の約4割を占めるコンビニエンスストアA社がおり，リーマンショック以降は毎年価格低減の要求が厳しく，要求されるままに受け入れてきた。しかし気が付くと，近年みるみるうちに収益が悪化してきたのである。S社の顧客には，A社以外に地元を中心としたスーパーB社とC社がおり，それぞれ売上の約2割を占めていた。

　工場の固定費を賄わなければならない以上，売上を伸ばすことが最も重要と考えてきたS社

であったが，前期に赤字決算を計上してしまった。その原因を調べるべく顧客別に収益を算出したところ，B社とC社は一定の利益を出していたが，A社の損益が大きく，それが原因でS社は赤字決算になっていることが判明した。その判断材料として製品群別原価管理と顧客別原価管理を取り入れた結果，A社については利益率の高い「寿司弁当」を残して，他の不採算の弁当製造から撤退した。S社はその2年後，黒字に転換したのである。

次に2つ目の事例であるが，食品企業T社は従業員100名程度であり，観光地の旅館やホテル向けに惣菜を提供している食品製造業であった。海外からの輸入が原料供給の多くを占めていたので，最近の円安傾向により原料高となり，前期は赤字決算になった。そこで筆者が立て直しに入り，管理会計を導入して主要製品群の採算性を把握するとともに，主要顧客別の採算についても正確に算出した。その結果，同一製品でも卸し先別で利益率にバラツキがあり，製造原価と合わない値決めの状況が明らかになった。そこで，営業マンを巻き込んだ収益改善計画を策定して，不採算製品と不採算顧客については値上げのお願いを実施した。その結果，売上減少が心配されたが10％の売り上げ減で済み，利益率が回復して，今期は黒字に転換した。

6章　部門別の品質改善と収益向上

　本章では，8つの部門（商品企画・営業部門，研究開発部門，生産管理部門，購買・外注管理部門，製造部門，品質管理・検査部門，生産技術・設備保全部門，倉庫・物流部門）ごとに，品質改善と収益向上を図るための"管理技術のイノベーション"について具体的な事例を交えて述べる。食品企業の各部門管理者および担当者の方に，ぜひ参考にしていただきたい。

6.1　商品企画・営業部門

6.1.1　商品企画・営業部門の役割使命とイノベーション

　最近の食品業界では，簡単にヒット商品が出にくくなってきており，真に顧客のニーズおよび期待に沿うような魅力的な商品企画を提案し，積極的に展開することが求められている。激動する経営環境における商品企画・営業部門の役割使命は，以下のようなことである。

- 効果的なマーケティングにより，消費者の志向を的確に捉え，魅力的な新商品企画を研究開発部門とタイアップして立案する
- 新商品の拡販活動のための効果的な宣伝を実施することにより，当初の計画通りの売上を達成する
- 新規顧客開拓，深耕開拓活動を強力に推進し，売上の伸長を目指す
- 市場動向や卸・小売業者との商談状況，食品企業への原材料や商品供給状況を管理し，売上目標（予算）を達成する
- 差別化した商品の販売技法により見積り・受注活動を展開し，適正な利益を確保する

　しかしながら，商品企画部門では，従来からのマーケティング手法により機械的に商品のリニューアルを提案しており，ヒット商品を生み出すことができていない。また営業部門は，売上目標金額に対して営業担当者にノルマを課し，各営業担当者がこれを目標に営業活動を実施し，売上実績金額とのギャップを会議で報告するという，いわゆる結果の数字の管理に留まるため売上向上および利益確保ができず，役割使命を果たしているとは言い難い。

　そこで，顧客の窓口である商品企画・営業部門の従来の管理技術やマネジメントのやり方を振

り返り，あるべき姿に変える必要がある。これからは，差別化された付加価値の高い製品をどの市場に，いかに早く売るか，といった戦略・戦術的な商品企画・営業をしていかなければならない。そのため，新たな顧客を掘り起こすしくみづくり，将来を見据えた商品提案力を予測し見極めたうえで，戦術を実行できるマネジメント力が必要である。

商品企画・営業部門の役割使命である売上伸長，利益増大を果たすために，以下の5つの管理業務についてマネジメントイノベーションを実施する必要がある。

　①商品戦略・営業戦略

　　外部環境（機会・脅威）および内部環境（強み・弱み）を分析し，3年先もしくは5年先の売上目標，利益目標を達成するために，どのような戦略（市場戦略，商品戦略，顧客戦略，販売戦略等）で営業展開するのかを明確にしたうえで，3～5年間の中期計画（新商品開発，商品群別の販売数量・金額，営業活動テーマ）を策定する。その際に，「技術・市場マトリックス」（6.1.3項で後述）について研究開発部門とタイアップして，効率的に作成していく。

　②売れる商品企画案の実現

　　商品を開発しても，市場に出して売れなければ意味がない。より消費者に近づいたマーケットインからデザイン思考（6.1.4項で後述）の観点で商品企画を立案していく。

　③売上目標（予算）実績管理

　　中期計画で設定した年次売上目標を月次目標に落とし込み，リアルタイムに売上実績と売上見込みを算定し，早め早めに対策をとる。

　④営業担当者の行動管理

　　売上予算を達成するためには，毎日・毎週・毎月の行動管理が必要になってくる。計画的，組織的，効率的な営業活動を展開する。

　⑤商談管理

　　種まき（引合）から刈取り（受注）までの商談の状況，受注確率を上げるための課題を明確にし，確実にフォローする。

6.1.2　アンゾフの事業拡大マトリックス

新商品戦略を語るうえでベースとなる考え方が，「アンゾフ・マトリックス」である（図表6.1.1）。すなわち，製品拡販の方向性を，「市場浸透」「新製品開発」「市場開発」「多角化」の4つに分類する考え方であり，縦軸に製品，横軸に市場をとるマトリックスである。製品と市場の関係で戦略を分類するので，「製品・市場マトリックス」とも呼ばれている。

製品（既存・新規）×市場（既存・新規）の4つのマトリックスを以下に説明する。

　①市場浸透戦略（既存製品×既存市場）

	【市場軸】	
	既存市場	新規市場
【製品軸】新規製品	製品開発戦略	多角化戦略
既存製品	市場浸透戦略	市場開発戦略

図表 6.1.1 アンゾフ・マトリックス

現在関与している市場において，既存製品の拡大を図る戦略である。具体的には，製品のマイナーチェンジにより使い勝手を良くしたり，広告により既存製品の認知度を高めるといった戦術が使われる。

②市場開発戦略（既存製品×新規市場）

既存の製品や技術を，現状とは異なる市場に応用する戦略である。現状では国内市場向けに展開している食品企業が，海外に展開するケースなどが相当する。

③製品開発戦略（新規製品×既存市場）

既存の市場に対して，新たな製品を投入する戦略である。これが，食品企業の研究開発に最も求められるものである。

④多角化戦略（新規製品×新規市場）

製品，市場とも全く新しい分野に進出する戦略である。そのため，最もリスクが大きくなることを念頭に置いて取り組む必要がある。

6.1.3 技術・市場マトリックスの作成と絞り込み

前述した「アンゾフ・マトリックス」をベースにして，具体的な新製品開発戦略を展開するためには，市場・技術・商品をマトリックスで整理し，ターゲットを絞り込む方法が有効である。以下に絞り込みの手順を示す。

1) 商品企画・営業・開発の第一線のメンバーを選定する
2) 商品の市場分析，または技術分析により現状および周辺の市場，技術を洗い出す
3) 現状および周辺の市場，技術をもとに新規の市場，技術を設定する
4) 現状・周辺・新規の市場，技術の表で，各マスに該当する商品を案出する
5) 案出した商品を討議して，2〜3件に絞り込む
6) マーケティング調査などにより，絞り込んだ商品の検証を実施する

まず，現状の商品群を「現商品」とし，これらに用いている技術を「現技術」とする。また，現技術と関連性の強い，また自社としてチャレンジすれば開発できるであろう周辺技術を「拡技

術」とする。市場については，現商品をもとにこれらの顧客（市場）を洗い出し，「現市場」とする。また，現市場と関連性の強い，自社としてアプローチできるであろう周辺市場を洗い出し，「拡市場」とする。

「新技術」は，"拡市場で確固たる競争力を得るため"とか，"新市場参入のために将来獲得すべき技術は何か"という観点で設定する。新市場は，"拡技術をもとに参入できる市場は何か"とか，"新技術で期待できる市場は何か"という観点で設定する。洗い出した技術・市場をもとに，技術・市場マトリックスを作成し，このマスに当てはまる商品を案出する。

図表 6.1.2 に，ある食品企業の技術・市場マトリックスを示した。「拡技術」として"洋風味付技術"が，「新技術」として"新製造技術"と"特殊加工技術"が挙げられた。また，「拡市場」と「新市場」についてもメンバーで話し合い，商品をリストアップした。その結果，"洋風の素""減塩製品""造粒製品"などのアイデアが出された。

次に，リストアップされた製品の開発優先順位を決める。これは，「開発主要品目評価表」で行う（図表 6.1.3）。評価基準としては，成長性，収益性，波及性／発展性，独自性，開発難易度がある。これに開発するうえでの詳細な課題と設備上の課題を考慮して，優先順位を決める。

また，マーケティング調査（市場規模，競合状況，顧客ニーズ，市場の成熟度など），競合企業の動向調査，顧客へのアンケート調査などを活用して，開発の優先順位について検証していく。

図表 6.1.2　食品会社の技術・市場マトリックス

<評価>　　　　　　　　　　　　　　　　　　　　<難易度>
5：大変ある　4：ある　3：ややある　2：あまりない　1：ない　　　1：とても高い　2：チャレンジ　3：少し工夫すれば　4：ほぼ　5：できる

No.	技術	製品（例）	概要	市場・規模	成長性	収益性	波及性発展性	独自性	開発難易度	評価	開発的課題	設備的課題（設備投資）	総合評価
1	新製造技術	減塩製品	塩分が気になる方，摂取に制限のある方なども，安心して食べて頂ける。	農協，直売所，スーパー，通販，100円ショップ，業務用，百貨店等	5	3	5	5	1	3.8	減塩製品の開発は，技術的に困難であると思われる。原料の検索から，応用処方等，考慮する必要があると思われる。	現設備で対応可能	◎
2	特殊加工技術	既存製品の造粒加工	既存商品の原料で，より安定的に混合充填が出来るようにする。	スーパー，通販，業務用	5	1	5	1	1	2.6	現製品で他社に委託加工しており，自社で加工し，加工費用を削減する。しかし，設備の価格が高価で，現工場内には設置が困難である。	機械：5000万円 工場増築の必要性	×
3	洋風味付技術	洋風の素スパイスミックス	日本人の味覚に合う，洋風の素・スパイスミックスを作る。	農協，道の駅，業務用，百貨店等	2	3	4	3	3	3	現段階で，洋風味付に対する知識等の不足の為，情報収集や市場調査等に，まず注力したほうがよいと思われる。製品の開発自体は，現技術を応用できる。	現状設備で対応可能	△
4													

図表 6.1.3　開発主要品目評価表

6.1.4　マーケットインからデザイン思考へ

　今から30年以上前に，"市場が成熟して製品供給が過剰になったら，消費者に売れる商品の開発を目指す"という「マーケットイン」の考え方が生まれた。これはユーザーのニーズ調査・分析を起点として，商品の販路選択を企画段階から想定するものである。

　このマーケットインの考え方を押し進めることにより，"消費者ニーズに応えることは，真の消費者の問題や課題の解決に応えることである"という見方が出てきた。また，"デザインとは，本質的な問題を解決することである"という考え方も出てきた。すなわち，問題解決のためのデザインプロセスでは，"問題の発見"がその出発点となる。

　そこで，商品企画担当者は消費者の視点に立ち，真の問題の発見，解決策の提案などを行うことになるが，解決すべき問題を見出すためには，消費者の考え方やその生活を知る必要がある。これが，商品企画担当者によるデザイン思考（後述）である。この手法を活用して，消費者の問題発見，問題提起，問題解決のデザイン，試作・検証・テストを実施していくことになる（図表6.1.4）。

　新しい商品やサービスの創出を狙い，国内の大手企業が注目している手法の1つに，アメリカのシリコンバレーにあるデザイン会社IDIOが約15年前に開発した「デザイン・シンキング」がある。日本では一般的に「デザイン思考」と呼ばれ，優秀なデザイナーの思考法を参考にして新しい発想を生み出そうとする手法である。

デザイン思考は，優秀なデザイナーの思考法をベースにしているため，今までとは異なる新しい発想につながる可能性が高くなる。デザイナーが重視するのは，"消費者の行動，考え方，感情"などを詳細に観察し，インタビューを加えることで真の消費者ニーズを把握していくことである。

一方，消費者は必ずしも自分のニーズを理解しているわけではない。そのため，デザイナーが消費者の本音を的確に把握して，人間中心のデザインを発想すれば，ヒット商品を生み出すことができる。すなわちデザイン思考とは，フィールド観察やインタビューを実施し，わかった事実を基に議論して多くの意見を出し，その意見を収束させて真の課題を浮き彫りにしていく手法なのである。

さらに，課題解決に向けてブレインストーミングやオズボーンのチェックリスト[*1]などでアイデアを出していく。解決策をまとめ，繰り返し試作品を作り，イメージを確認し，場合によっては消費者に意見を聞いて確認する。このサイクルを切れ目なく繰り返すことで，新商品完成へと近づけていくのである（図表6.1.5）。

[*1] オズボーンのチェックリスト：ブレーンストーミングを考案したアレックス・F・オズボーンによる発想法で，9つの視点からアイデアを生み出す手法。発想の飛躍により思いも寄らないアイデアが生まれることがある。

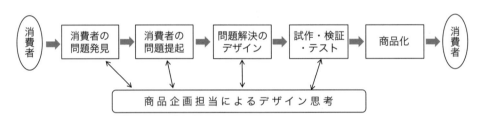

図表 6.1.4 問題解決のためのデザインプロセス

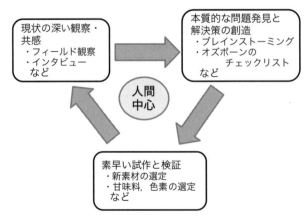

図表 6.1.5 人間中心のデザイン思考

シーン：お年寄りが4人集まって，お茶を飲みながら「甘納豆」を食している

SAY（発言）	THINK（思考）
・これ美味しいけれど，たくさん食べるとね…… ・砂糖が多すぎない？ ・あっという間に食べちゃったわ	・砂糖で太ると思っている ・カロリーはどのくらいか（糖尿病の人） ・手が汚れる
DO（行動）	FEEL（感情）
・つまんだ後にティッシュで手を拭いている ・食べたあとは，必ずお茶を飲む ・平均，5回ほど噛んで飲み込む	・食感が良く日本的な味 ・丁度良い硬さ ・ちょっと甘すぎる

事実 ←――――――――→ 推測

＊IDEO社の共感マップ手法を参考に事例作成

図表 6.1.6 某食品企業の共感マップ

　デザイン思考における消費者のニーズ把握方法に，「共感」の要素を取り入れる手法がある。「共感」を形式知にするために，「共感マップ」のフレームワークを活用する。この共感マップもIDIO社が開発した情報整理の手法である。共感マップは，SAY（発言）・DO（行動）・THINK（思考）・FEEL（感情）の4つのマスからなるマトリックスを描き，現場で確認してきたことなどを基に付箋紙に書き込んで貼り付けていく。

　4つの情報を記入したら，共感マップ全体を眺め，新鮮な点，意外に思う点，4つのエリアに矛盾がないか，予期せぬパターンはないかなどについて検討しながら隠れたニーズを掘り起こしていく。図表6.1.6に，ある食品企業が作成した，お年寄りが4人集まってお茶を飲みながら「甘納豆」を食しているというシーンでの共感マップを示した。このマトリックスによって，砂糖不使用の低カロリー甘納豆の開発に成功したのである。

6.1.5 売上予算・実績管理

　食品企業では，毎年初めに，経営を維持拡大するために利益計画や経営計画を立てる。商品企画・営業部門では販売予測を立て，必要な売上目標を年次，半期，月次ごとに設定し，具体的な販売計画を次の観点から検討し，作成する。

　　・商品群別，商品別
　　・地域別，得意先別
　　・課，支店，営業所別，営業担当者別

　これらの販売計画の実現可能性や経費，他の予算との整合性を検討したものが，売上予算である。この売上予算と売上実績とを毎月対比させて，差異を分析，対策をとっていくのが売上予算・実績管理である。

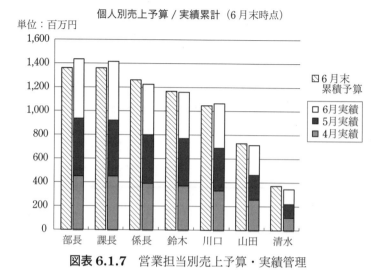

図表 6.1.7 営業担当別売上予算・実績管理

売上予算・実績管理は，企業の利益目標および経営計画を達成するための重要な役割を担っている。成行管理や実績管理だけでは，企業が設定した売上目標を達成することはできない。部全体，課，支店，営業所，営業担当者の各レベルで粗利益管理を含めた売上予算・実績管理を実施することが必要である。売上予算は，単なる数字の積上げでは売上実績とのギャップが大きくなってしまう。そのため，営業担当者の行動管理，商談管理を確実に行う必要がある。

売上予算・実績管理におけるVM（目で見る管理）は，売上予算と売上実績の状況が把握でき，ギャップが一目でわかるように表やグラフを掲示する（図表6.1.7）。予算に対して実績が未達成の場合は，VMボードを前にして話し合い，早め早めに対策をとるようにする。

6.1.6　営業担当者別の行動管理

売上予算を達成するためには，営業担当者別の行動管理が必要になってくる。この行動管理により，計画的，組織的，効率的な営業活動が展開される。営業担当者別の行動管理とは，月間，週間で行動結果を営業担当者が自らチェックして省み，営業管理者は問題点を明らかにし，対策について指導する。

営業担当者別の行動管理の目的は，次のとおりである。

・営業部門の目標・戦略と営業担当者の行動を整合化させる
・営業担当者の顧客との有効面談時間を増大させ，販売成果を最大化させる
・部下の行動と市場での問題点を把握し，対策を実施することによって，売上目標の達成に結びつける

6.1.6 営業担当者別の行動管理

・OJT[*2]により，営業担当者のスキルをアップさせる

営業担当者の月間，週間，日々の行動計画と実績がフォローできる行動管理表を作成したら，誰もが見てフォローできるようにVMボードに掲示するか，VMボードの前に設置したボックスに保管する。

行動管理についてのVMの進め方は次のとおりである。

1) 毎月初めに行動計画を作成する（図表6.1.8）

　　今月の行動計画に対する重点目標を設定し，目標の売上と粗利益を上げるために，販売計画に基づき月間の行動計画表を作成する

2) 訪問した結果や商談内容を，その都度，行動計画表に記入する

3) 行動計画のPDCAを実施する

4) 管理・監督者は，毎週，毎月，営業担当者の行動結果について問題点を見つけ，次月への課題と対策について指示をする

[*2] OJT：On the Job Training の略。日常業務を通じた従業員教育のこと。

営業担当者週間行動計画・実績表（20XX年9月分）				第一営業部：山崎
週	商品群 地域	計画（P） 当初計画と修正計画	実施結果（D）	問題点と対策（C&A）
第一週	焼菓子部門 岡山地区	・新製品の岡山地区における　マーケティング実施 ・カタログ原稿出し ・既存顧客訪問 ・A社の再見積り	・マーケティング調査計画策定 ・カタログ案作成 ・既存顧客8社訪問 ・A社の再見積り実施	・A社の再見積もりを実施したところ，利益率の関係で製造部門と調整の必要あり
第一週	焼菓子部門 広島地区	・新規顧客優先度確定 ・既存顧客訪問 ・B社のクレーム対策	・新規顧客優先度確定 ・既存顧客6社訪問 ・クレーム対応は，うまく処理できた	・既存顧客のC社から，納品を1週間早めて欲しいとの連絡があり，設計部門と製造部門に納期短縮を要請
第二週	焼菓子部門 岡山地区	・新製品の岡山地区における　拡販計画策定 ・販促用ホームページ案作成 ・既存顧客訪問 ・製造部門と利益率の調整		
第二週	焼菓子部門 広島地区	・新規顧客訪問計画策定 ・既存顧客訪問 ・C社への納期回答		
⋮	・・・・・・			
コメント	今月の重点目標 ・新商品のマーケティング分析と拡販計画策定 ・新商品を活用して新規顧客の開拓	営業部長コメント	営業担当役員コメント	

図表6.1.8 営業担当別行動管理

毎週末には，行動結果について，計画どおりに販売活動が実施できたか，商談に結びつける行動ができたか，受注成立もしくは受注確率は高められたかなど，行動計画に対する成果を確認し，反省する。今週発生した問題点については，次週確実に解決するための対策を明確にし，次週の行動計画に反映させる。

月末には，1ヵ月の行動計画の反省と，販売計画で設定した売上目標と粗利益目標の達成度管理を行う。未達成の場合は，行動計画に問題がなかったかを確認し，ギャップを解消する対策を策定し，次月の行動計画に盛り込む。

6.2 研究開発部門

6.2.1 研究開発部門の役割使命とイノベーション

　商品のライフサイクルが短くなってきている昨今，市場の要求する"売れる商品"を迅速に開発・商品化することが求められている。研究開発部門においては，市場のニーズに合った差別化した付加価値の高い新商品をタイムリーに開発し，企業の成長に貢献することが求められている。そのための役割使命を以下に示す。

・次世代新商品の企画提案を行うとともに開発を推進し，新商品の売上高増大を図る
・顧客のニーズを的確にとらえ，研究開発リードタイムを短縮し，開発納期を守る
・顧客のニーズに見合った品質とコストで商品を提供するために，自社の品質管理力を最大限活かしていく
・他社との差別化を図るために，技術者一人一人の技術力と組織力を高める
・新分野進出のために，新技術導入等の商品開発の幅を広げる

　しかし，現実には日々の業務に追われて，将来に向けての戦略的な開発を進められる状況にあるとは言い難い。さらに，チームミーティングで開発日程の進捗管理は行っているものの詳細な管理は担当者に一任していたり，情報の共有化，技術ノウハウの継承が図られておらず，商品開発担当者の多くは迷いや試行錯誤を繰り返しているのではないだろうか。

　市場ニーズに合った差別化された付加価値の高い商品を開発するためには，営業部門など関連部門との連携を強化し，市場情報の質と量を吟味し，プロセス管理とマネジメント力が必要となってくる。

　そこで，研究開発部門の役割使命である，"売れる商品"を迅速に開発・製品化するために，次の4つの管理業務についてマネジメントイノベーションを実施する。

　①商品開発戦略／中期開発計画
　　自社の開発技術力を活かした商品開発を行うために，市場や環境動向，競合他社動向などマーケットリサーチを行い，早い段階からターゲット市場や商品コンセプトを定め，どのような戦略で開発・展開していくのかを明確にする。そのうえで，3～5年間の開発ロードマップと中期開発計画を作成し，競合他社に先を越されないよう，開発遅れがないように進度管理を確実に実施する。

②研究開発負荷／工数管理

研究開発遅れが発生する要因の1つに，開発・設計案件に対する能力不足がある。開発を開始する前に必要なスキルを特定するとともに，開発商品の優先度を決めて，計画的に工数管理を行う。

③研究開発日程・進度管理

研究開発日程計画のステップごとに作業が予定通りに進捗しているか進度管理を実施し，遅れている場合には早期に原因を顕在化し，対策をとる。

④研究開発リスク・品質管理

研究開発での設計不良によるクレームや，設計変更によるリスク管理と設計上の品質管理を確実に行う。

6.2.2　商品開発戦略の構築

消費者は，アイデアを買うのではなく，"コンセプトを買う"と言われている。商品コンセプトとは，「どのような人に，どのような価値を提供する商品であるのか」を表現したもので，ヒット商品になるかどうかは商品コンセプト次第といっても過言ではない。ここでは，食品における商品コンセプト開発の手法を解説する。

消費者が食品に求めているものは，美味しさ，健康促進，安全性の3点である。しかし，多くの食品企業において，これらの要素での食品開発は当たり前のこととされており，さらにプラスアルファの価値が無くてはヒット商品にはならない。そこで，ターゲットとなる顧客を絞り，魅力を感じてもらえる価値を提供する商品を開発することが必要になる。そのために，下記の4つの観点から商品コンセプトを設定していくとよい。

①ターゲット顧客
②新商品の利用場面（飲食シーン，利用シーン）
③消費者が得られる価値（ベネフィット）
④価値を実現する商品特性

商品コンセプトの開発で一番重要なことは，ターゲット顧客の設定である。先に述べた"デザイン思考"から市場調査を実施したり，消費者の行動を観察したり，競合他社の商品の売れ行きを見て新たな価値を付けた商品を提案したりして，購入する消費者をイメージした商品特性を導き出す。

図表6.2.1に，インバウンド市場（外国人観光客市場）向けにターゲットを選定した食品会社のコンセプト設定事例を紹介する。この会社は，国内のスーパーやコンビニ等に珍味商品を販売しているが，付加価値の高い高級食材商品で伸び悩んでいた。そこで，海外からの観光客のお土産

商品群（商品名） 　高級食材商品	消費者のベネフィット 　近所に配るのに最適な価格で，日本らしい美味しいお土産
ターゲット顧客 　日本に観光・買い物に来ている中国・東南アジアの旅行客	商品特性 　食感・味が中国・東南アジア向けである 　（アンケート調査等が必要）
飲食シーン 　観光バスの中でサンプル品を配り，移動中に観光客が飲食する	制約条件と開発課題 　賞味期限がある程度長い（2ヵ月以上）
利用シーン 　日本から帰国した後に，近所にお土産を配る	先行企業と類似品の特徴 　観光バス会社相手での高級食材商品は，現在ライバルなし
商品特徴のイメージ図 　省略	自社商品群の中での位置づけ 　インバウンド向けの高級食材商品

図表 6.2.1 商品コンセプト設定シート

用に新たな商品を開発して，売り上げを伸ばした。開発に際しては，原料の工夫，味付け等製造方法の工夫，容器の工夫を重ねて，インバウンド向け商品群を確立したのである。

6.2.3　商品開発企画書の作成目的と構成

　商品開発企画書は，商品企画が完了した時点での開発段階への橋渡しとなるものである。このため，商品開発企画書は，開発段階へと進めるためのトップへの提案機能も兼ね備えたものとなる。したがって，訴求力があり，簡潔に説明でき，企画内容がわかりやすくなければならない。そこで，企画書は1枚とし，これに商品コンセプトシートを添付する。

　図表 6.2.2 に企画書の例を示した。商品規格書ではないので，詳細な原材料や添加剤，アレルゲン物質等の情報は必要ない。食品の商品開発企画書は，次のような構成にするとよい。

①新商品開発の目的と背景

　新商品の企画を立てる目的動機，機能，味覚，コスト，品質などに関する開発の方向付けを明確にする。また，経済環境，競争環境，市場環境などから，ターゲット市場の動向を明確にする。

②新商品の特徴・用途例

　新商品の特徴や用途を明確にする。特に，セールスポイントを達成するための商品仕様を明確にする。また，単一アイテムだけでなく，商品シリーズの全体像も明確にする。

③競合商品との比較優位性

　競合メーカーの既存商品に対して，当社の新商品の訴求ポイントは何か，何が優位なのかを比較検証する。その優位性が消費者に受け入れられるかについても想定する。

```
商品開発企画書                                    作成日：20XX.4.1   作成者：山崎
 ● 提案する新製品名                   ● 開発部署＆開発責任者
    [高級食材商品]                       [                    ]
 1. 新商品開発の目的と背景             6. 工業所有権（特許・商標等）の取得及び抵触状況
    [・・・・・・・・・]                   [                    ]

 2. 新商品の特徴・用途例               7. 新商品開発上の技術課題
    [                    ]             [                    ]

 3. 競合商品との比較優位性             8. 販売上の課題と販売計画
    [                    ]             [                    ]

 4. 対象市場の規模・特色               9. 生産上の課題と生産工程計画
    [                    ]             [                    ]

 5. 販売価格・収益見込み              10. 商品化へのスケジュール
    [                    ]
```

年月	4月		7月	8月		10月	12月
進捗状況	決定商品コンセプト	試作原料調達	配合決定	試作品完成	広報活動展示会等出展	生産開始	販売開始

図表 6.2.2 商品開発企画書

④対象市場の規模・特色

　ターゲット市場がどの程度の売り上げ規模か，また，その市場の特色は新商品にマッチしているか，その市場の中でどのくらいのシェアが取れるのか等を分析する。

⑤販売価格・収益見込み

　販売価格と許容原価を明確にし，売上目標に対する投資採算性を見極める。見極めは採算性のみでなく，将来展望を踏まえた戦略的な判断をする必要がある。

⑥工業所有権（特許・商標等）の取得および抵触状況

　新商品の開発に際して，工業所有権（特許・商標等）を出願しておいたほうがよいか，また逆に，他社の工業所有権に抵触していないかを調査する。

⑦新商品開発上の技術課題

　新商品の開発を遂行するには，乗り越えなければならない技術的課題がある。そのような課題をリストアップし，その評価方法（試作概要，評価項目，評価基準など）について明確にする。

⑧販売上の課題と販売計画

　新商品の販路はどうするのか，従来の販売方法の弱点や販売体制の課題を明確にする。販

売価格，販売ルート，販売目標なども明確にし，営業・商品企画部門とタイアップして戦略的な販売方法を計画する。

⑨生産上の課題と生産工程計画

新商品の機能・信頼性・コスト目標を達成するために，生産上の課題が発生することがある。場合によっては新設備を導入する必要も出てくる。また，原料の調達先や生産工程の組立て等の課題も明確にする。

⑩商品化へのスケジュール

新商品開発のステップと日程について，後工程である生産準備・原料調達・製造も含めて計画する。食品の場合は季節性があるので，発売時期が遅れると1年後になり，ライバルメーカーに先を越されることもあるので，周到な計画が必要である。

商品開発企画書で商品概要が提案されたら，これを適切に評価し，次の開発段階に進むべきか否かを決定する。評価が適切でないと開発段階で多大な経営資源を浪費し，また，発売しても全く売れないという状況が発生することもある。

このようなことを避けるため，評価と判定は分離して実施するとよい。評価は，評価項目と評

商品名：		提案者：		日付：			評価者：		
評価項目		評価基準（レベル）					レベル	ウエイト	評点
		5点	4点	3点	2点	1点	①	②	①×②
市場	市場規模はどのくらいか	大きい		普通		小さい	3	1	3
	市場の成長性はどうか	大きい		普通		小さい	2	1	2
	新商品のコンセプトは明確か	明確		普通		不明確	4	2	8
	市場に対する想定売上はどの位か	大きい		普通		小さい	3	2	6
開発	自社の商品化方針と整合しているか	整合		普通		不整合	4	1	4
	新商品の特徴は明確であるか	明確		普通		不明確	4	1	4
	競合商品に対して優位性はあるか	ある		普通		ない	5	2	10
	開発上の技術的課題はどの程度か	小さい		普通		大きい	3	2	6
購買生産	新規原料等の購入難易度はどの程度か	小さい		普通		大きい	5	1	5
	生産開始に必要な設備投資はどの程度か	小さい		普通		大きい	4	1	4
	製造上の技術的課題はどの程度か	小さい		普通		大きい	4	1	4
	商品化スケジュールに無理がないか	ない		普通		ある	3	1	3
販売	販売価格は消費者にとって適切であるか	適切		普通		不適切	1	2	2
	既存販売チャネルで対応可能であるか	可能		普通		不可能	5	1	5
	本格発売後の粗利率はとれているか	大きい		普通		小さい	3	1	3
評価者コメント：価格面の課題があるので，コストダウン施策追加を条件に商品企画会議に推薦する							評価点		69

網かけ部：評価レベル

図表6.2.3 新商品評価シート

価点を設定して点数化するのが一般的である（図表6.2.3）。事前に評価項目や評価基準，評価者を決めておく。一方，判定は，評価結果を踏まえて最終的・総合的に判断する。評価は，開発・営業・商品企画・製造の各部長が行い，判定は取締役が出席する商品企画会議で行われるケースが多い。判定の際，評価者から評価の根拠をヒヤリングすることもある。新商品を成功に導くためには，しっかりとした評価・判定の仕組みを構築することが重要である。

6.2.4　商品開発の効率的な進め方

研究開発部門には，さまざまなムダが存在する（図表5.2.4参照）。これらを分析してみると，研究開発部門で実施すべき改善内容としては，以下の項目が挙げられる。

a. 開発不良低減管理や開発デザインレビュー（DR）[*3] チェックリストの見直し，開発商品検証体制の改善など開発商品の品質に関わる改善
b. 開発原価DRの確立や開発標準化，開発工数管理の推進など開発コストに関わる改善
c. 開発計画・進度管理の確立，開発仕様管理・課題管理の推進，開発リードタイム短縮の推進など開発納期に関わる改善
d. 開発者スキル管理など開発者のレベルアップに関わる改善

[*3] デザインレビュー：Design Review，製品やシステムなどの開発過程における成果物を，第三者の観点から評価・審査してもらうこと。

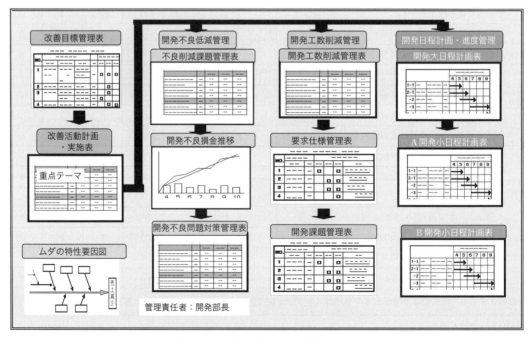

図表6.2.4　商品開発の改善管理ボード

上記の改善内容を実施することにより，自部門のムダはもとより他部門へ波及するムダも削減することが可能となり，全社でのコストダウンの効果が大きくなる。

研究開発部門による改善テーマを特定したら，改善指標，改善の管理内容を決め，VMボードに掲示する帳票を設計・作成し，VMボードを運用しながら全員参加で改善活動を推進する（図表6.2.4）。

VMボードの構成は，まず左上に「改善目標管理表」を掲示する。その下に，これを達成するための「改善活動計画・実施表」を貼り，ここから重要テーマについて個別に展開していく。

この重要テーマの候補としては，開発不良低減管理，開発工数削減管理，開発スキル管理，開発日程計画・進度管理，開発リードタイム短縮管理，開発課題管理・仕様管理などがある。以下に代表的な項目について，運用事例とポイントを説明する。

① 開発不良低減管理

開発は最上流の活動部門であるので，製造工程，さらには消費者クレームに関して大きな影響を及ぼす。そこで，まず開発起因の不良，およびクレームによる損失がどれだけ発生しているのかを把握する必要がある。

また，開発起因の不良に対しては再発防止対策を行い，それを新規開発に活かすとよい。そのために，クレーム・不具合内容，原因，再発防止対策，担当者，実施日，効果確認を一覧表に記入し管理する。

② 開発要求仕様管理／課題管理

開発工数が過多になる原因の1つであり，顧客の要求仕様が定まらないうちに開発作業を進めた結果，正式に仕様が出てきたときに"開発のやり直し"のムダが発生する。顧客の要求仕様を実現するための項目を事前に明確にすることが大切であり，そのための要求仕様管理として，開発着手時点で「要求仕様管理表」（図表6.2.5）を活用するとよい。

また，開発上の重要課題を明確にすることで，DR（デザインレビュー）や検証時にチェック漏れがないよう「開発課題管理表」に適宜記入していくことでネック項目を管理するとよい（図表6.2.6）。

No.	製品名	顧客名	不備不明事項	問合せ日	回答依頼日	督促状況	受領日	開発・製造大日程				
								開発着手日	開発リードタイム	開発修了期限	製造リードタイム	出荷日
1	ゴマ味の焼菓子	○○食品 OEM商品	①パッケージデザイン ②味覚の方向性	予定日：9月10日 実施日：9月12日	9月20日	9/15日に確認済 検討中	／	9月20日	35日	11月10日	30日	12月10日
2												

図表6.2.5 要求仕様管理表

月日	製品名	課題項目	開発対策	効果確認項目	試作評価項目	指摘事項	着手年月日 予定	着手年月日 実績	完予年月日 予定	完予年月日 実績	効果確認
4月5日	塩麹焼きそば	◆塩麹の味付け方法	◆・・・・ ◆・・・・ ◆・・・・	◆賞味期限 ◆量産の味バラツキ	◆保存試験	◆・・・・	4月8日	4月8日	4月19日	4月25日	○

図表 6.2.6　開発課題管理表

開発月間日程計画・実施表　10月度							進捗状況	月3	火4	水5	木6	金7	月10	火11	水12	木13	金14	〜	月24	火25	水26	木27	金28	月31
製品名	開発種類	顧客	担当		工数																		
ゴマ味の焼菓子	OEM	A社	リーダー A	予定 100%	180h	予定		☆ 課内連絡会		☆ DR2		☆ グループ打合					〜					☆ 製造部との打合	
			メンバー	実績 105%	190h	実績						DR2		グループ			〜		DR2(再)				
ミルク味の焼菓子	OEM	B社	リーダー A	予定 100%	150h	予定			☆ DR1				☆ グループ打合				〜					☆ DR2	
			メンバー C，D	実績 93%	140h	実績			★ DR1								〜						
小豆使用半生菓子	自社製品	—	リーダー E	予定 100%	300h	予定			☆ 開発審査					☆ 試作検討			〜		☆ 検証				
			メンバー F，G	実績 30%	90h	実績		★ 開発審査									〜			★ 検証			
			リーダー	予定		予定											〜						
			メンバー	実績		実績											〜						

特記事項（問題点，対策，処置，改善点など）
＊ゴマ味の焼菓子の開発において，打合せの結果顧客仕様に不明確なところがあったので，再度 DR2 を実施した

図表 6.2.7　開発日程計画・実施表

③開発日程計画／進度管理

　開発日程管理が確実にできていないと，開発工数の増大，開発リードタイムの長期化，生産日程の混乱など多くの問題を引き起こす。そこで，開発日程計画とその実施状況，問題点と対策を審査・検証・妥当性確認などの日程も含めて可視化する。そのため VM ボードを導入して，開発大日程（半年）→開発中日程（月間）→開発小日程（週間）を活用し，開発作業の PDCA サイクルを見える形で回す。すなわち，開発日程計画に対しての進捗管理，日程遅れ等の問題点とその対策が目で見てわかるような管理を行う（図表 6.2.7）。その運用方法を以下に説明する。

　まず，開発担当リーダーは，開発日程計画に対する実績を記入する。開発部長等の責任者は，計画と実績を常に監視することにより進捗チェックを行う。その進捗チェックの結果，許容できない遅れが認められた場合は担当リーダーと相談し，対策を立て，「開発日程計画・

実施表」の特記事項欄に記入する。また，開発工数もこの管理表に記入することで，工数オーバーが発生しないように管理する。

開発作業の遅れの要因の1つに，"開発作業の迷い"がある。これを巡回指導などで早期に発見するようにする。また，日程遅れの対応方法をあらかじめ用意しておくことが大切である。例えば，ベテラン開発者の応援，残業・休日出勤の指示，他部門ないしは外部からの応援者投入などである。

以上のように，研究開発部門においては，VMボードに開発上の管理項目の計画と実施状況，課題の処置状況が容易に目で見てわかるようにすることがポイントとなる。また，VMボードの前で立ち会議を実施することで，リアルタイムに，開発計画における進度，開発不具合と対策状況，開発上のコスト低減（VE），開発工数の"見える化"が図られ，開発のQCDにおいて効果的である。この立ち会議は，部門内だけでなく営業部門や生産管理部門などにも参加してもらうことで，部門間のコミュニケーションの向上とともに，研究開発関連項目の業績向上が期待できる。

6.2.5 知的財産権の活用

知的財産権を活用することで，開発費用の削減や製品市場での優位性を保つことができる。例えば，開発を始める前に他社の特許や商標等を調べておけば，そこから他社の技術情報を知ることができ，効率的な開発ができる。さらに，開発した製品を特許や商標として権利化しておけば，他社に真似されることを防ぎ，自社の製品が市場で優位性を保つことができる。一方，他社の特許等を知らずに侵害すると，訴えられて損害賠償金を支払わされたり，その事業を中止する事態が生じたり，せっかく作った食品を廃棄しなければならなくなったりする。

このように，知的財産権は，知っていれば事業を進めるうえで有効に活用できるが，知らないと逆に不利な状況に陥る可能性がある。そのため，知的財産権の仕組みや内容，それらの活用方法について十分理解しておく必要がある。以下に，各種知的財産権について説明する。

- 「特許権」の保護対象となる発明は，自然法則を利用した技術的思想の創作のうち高度なものを言う。出願日から1年6ヵ月経過すると，発明の内容は公報によって公開される。特許出願したものは，出願から3年以内に出願人が審査請求料を払い，出願審査の請求を行ったものだけが審査される。審査の結果，拒絶理由がない場合に特許が登録される。特許の存続期間は，出願から最長20年となる。
- 「実用新案権」の保護対象となる発明は，自然法則を利用した技術的思想の創作のうち，物品の形状，構造または組合せによるものが対象となる。実用新案は，出願審査請求制度はなく，出願時に3年分の登録料を納付すれば，方式審査を通して登録される。実用新案

の存続期間は，出願から最長10年となる。
- 「意匠権」は，物品の形状，模様や色彩など，視覚を通じて美観を起こさせるものが保護の対象となる。すなわち意匠権はデザインを保護するものであり，実態審査の結果，登録される。
- 「商標権」は，自社の商品を他社の商品と区別するために，その商品について使用するマーク（標識）を言う。商標の登録出願は，取り扱う食品の分類を指定する必要がある（例えば"食料品の加工"は第40類）。登録されれば，登録商標を独占的に10年間使用でき，10年ごとの更新が可能となっている。

6.2.6 「特許情報プラットフォーム」の活用法

特許を出願する際は，「特許請求の範囲」「明細書」「要約書」，必要に応じて「図面」を提出する必要がある。これらの書面には発明の内容が記載されるので，その特許公報や資料を読むことで，その特許情報以外に関連する技術情報を調べることが可能となる。

無料で利用できる知的財産に関する情報データベースとして「特許情報プラットフォーム (J-PlatPat)」がある（図表6.2.8）。特許（実用新案）の検索をするには，画面から「特許・実用新案テキスト検索」をクリックすると検索画面が出てくる（図表6.2.9）。

まず，種別の欄で「公開特許公報」「公開実用新案公報」などをチェックする。その次に，検索項目を「要約＋請求の範囲」とし，検索キーワードを入力する。この欄に複数のキーワードを入れた時は右端の「OR」か「AND」の適切なものを選ぶ。「OR」にするとより広範囲の公報を呼び出すが，絞り込みたいときは「AND」を選ぶ。その後「キーワードで検索」のアイコンをクリックするとヒット件数が表示され，「一覧表示」をクリックすると「検索結果一覧」が出てくる。

図表6.2.8 特許情報プラットフォーム

6.2.6 「特許情報プラットフォーム」の活用法　　　　　　　　　　　　　　　　　　109

図表 6.2.9　特許・実用新案テキスト検索

　知的財産情報の収集は，研究開発部門にとって重要な位置づけとなる。技術情報を知りたければ「特許」を，デザイン情報であれば「意匠」を，ネーミング情報であれば「商標」に関して調べることになる。また，競合他社の技術開発動向や，特定の技術分野における情報は，今後開発すべき技術の方向性を決めるための参考になる。特許情報は，他社の開発動向を知ったり，他社の権利を侵害することを避けるために利用できる。特許情報の収集や検討は，商品開発計画の策定から製品化，販売にいたる商品開発の各段階に応じ，調査内容を変えて行うと効果的である。

6.3 生産管理部門

6.3.1 生産管理部門の役割使命とイノベーション

　食品業界では近年，食品工場における生産管理部門の重要性が増してきている。なぜならば，食品は賞味期限があることや，原料在庫や製品在庫によって製品ロスが生じやすく，経営悪化につながる恐れがあるからである。この在庫統制を行う部署が生産管理部門である。また，納期管理も重要になってきており，生産管理部門は食品工場の生産計画と進度管理の司令塔の役割を担っていると言える。

　また，食品業界は繁忙期と閑散期の差が大きい。例えば，冷やし中華を生産している企業は，夏は冬の3倍売れるし，ギフト関係の商品を扱っていれば，7月と12月は繁忙期となる。ホテルや旅館に惣菜などを卸している業社であれば，5月の連休，夏休みと正月休みはフル稼働となる。この繁忙期と閑散期の生産量をできるだけ平準化するとともに，外部に応援を要請するのも，生産管理部門の重要な役割となる。

　重要な司令塔としての生産管理部門の役割使命は，以下のとおりである。

- 繁忙期と閑散期の変化に柔軟に対応しながら，生産活動を円滑に推進していくため，できるだけ平準化された生産計画，生産日程計画を立て，管理する
- 製品を納期に届けるため食品製造工程の進度を管理し，営業部門からの急な受注や製造部門の突発的な不具合に対して臨機応変に対応するとともに，原料・包装材・完成商品の在庫の適正化を図っていく
- 製造・購買・外注管理部門に先立って生産システムの革新を図り，納期を遵守するとともに，生産リードタイムの短縮および在庫削減を実現する

　このように，生産管理部門は食品工場全体のコントロールタワーとしての役割使命を担っているが，多くの食品工場の生産管理部門では，日々，営業からの突発的な受注や製造部門でのトラブルなどの調整に手一杯というのが実情である。

　そこで，先に示した生産管理部門の役割使命を果たすために，以下の3つの管理業務についてマネジメントイノベーションを実施する必要がある。

　①生産平準化管理

　　食品工場において，利益を出すために実施しなければならないことは平準化生産である。例えば，繁忙期対策を十分検討せずに，おおよその数で派遣社員を入れていたのでは利益は

出ない。すなわち，年間を通した受注量，生産量，商品在庫量をきちんと計画して管理していくべきである。

②受注・生産の突発対応管理

　生産管理部門の中で最も必要とされるマネジメントは，突発的な事態に対して迅速に，的確な対応がとれることである。そのため，営業部門とのコミュニケーションを密にして，特売などの情報は事前に入手しておく。また，製造現場での突発的なトラブルに素早く対応し，それに伴い，材料・包装材・完成商品の在庫の適正化を図り，リアルタイムに問題点を解決していく。

③生産システム改善管理

　生産戦略として生産リードタイムの短縮，在庫低減など当期の方針および目標を掲げ，関連する製造・購買・外注管理部門と組織横断的な活動で，生産システムの革新を図っていく。

管理業務ごとに必要な書式は以下のようなものである。

・生産平準化管理：商品在庫計画表，操業度平準化検討表
・受注・生産突発対応管理：営業突発受注予測一覧表，食品製造突発トラブル対応表
・生産システム改善管理：リードタイム短縮目標管理表，在庫削減目標管理表

6.3.2　操業度平準化の目的と方策

　食品企業においては，多かれ少なかれ季節変動がある。お中元・お歳暮・正月に生産が集中する企業もあれば，寒暖によって生産量が大きく変わる企業もある。また週単位でも，例えば休日前の金曜日に生産量が多いといったケースもある。

　このような変動に備えて，ピーク時に対応する形で人と設備を確保していると，ピーク時には問題なく対応できても，不需要期には余剰人員と余剰設備を抱えることになり，それが原価に反映されることになって製品の価格競争力を弱め，企業の利益を圧迫することになる。

　このため，季節変動を勘案し，年間を通した合理的な操業度平準化対策を確立する必要がある。これができて初めて，経済的で効率のよい年間生産・販売・在庫計画，生産体制の確立が可能となる。

　食品企業における操業度平準化対策として，次のような方策を挙げることができる。

①製品混合による平準化

　不需要期に通常の取り扱い商品以外の製品を生産し，平準化する方法である。例えばある食品企業では，秋から冬にかけて"だいこん漬け"のための粉体製品を主要製品としていたが，平準化対策として，春から夏にかけてはナスやキュウリ等の野菜を対象とした浅漬けの

ための粉体製品を開発した。この結果，年間を通して安定的な生産が可能となり，収益も向上した。

②在庫による平準化

食品企業によって可能な場合と不可能な場合があるが，在庫を抱えることによって生産を平準化しようとするものである。例えば，賞味期限が1年程度と長いものや，仕掛品を冷凍しておき出荷時に解凍・包装して出荷するなどの方法がある。

ある食品企業の例では，12月に大量に出荷される主力商品を擁していたが，12月だけでは生産をこなしきれないので，賞味期限が長いという特性を活かし，9月頃から徐々に在庫生産する方法で平準化を実施している。この場合，販売状況によって生ずる過剰在庫の発生に注意する必要がある。そのため，適正在庫の設定を基本とした生産・販売・在庫計画と在庫管理システムの確立がポイントとなる。

③パート，アルバイト，季節工による平準化

常勤者の人員を最低生産月に合わせて設定し，他の月のオーバーする分をパート，アルバイト，派遣社員によって補おうとするものであり，極めて有効な平準化策である。ただし，人員確保ができず予定が狂うことがあることと，比較的単純な作業しかさせられないことが難点である。そのために，あえて必要期間の1ヵ月前頃から人員を確保して教育を実施している食品工場もある。

④外注による平準化

ピーク時に外注に出すことによって平準化しようとするもので，比較的よく行われる方法である。このような場合，暇な月には全く外注に出さないということではなく，普段からある程度の仕事を出して外注先とつながっておくと，増量や急な対応の際に協力してもらいやすいので安心である。

⑤残業等による平準化

残業や休日出勤によって生産能力を高めるものであり，よく行われる方法である。しかし，「三六（さぶろく）協定」[*4]の抵触や，疲労による作業能率の低下に注意する必要がある。また，年間工場カレンダーを設定する際，需要期に稼働日を多くし，不需要期に休日を多くする方法もある。

⑥他部署の応援による平準化

他の製造ラインからの応援や，場合によっては工場間接部門から一時的に応援を依頼することにより平準化を図る方法である。ただ，この方法は短期的には可能であるが，長期的な対応は難しい側面がある。

[*4] 三六協定：労働基準法36条に基づく労使協定。残業や休日労働を行う場合に必要な手続き。

6.3.3　操業度平準化対策の具体的な進め方

　食品工場における操業度平準化対策は，自社製品の特色や制約条件などを考慮して最も合理的な対策を実施することになる。

　ここでは，具体的な進め方の手順を示す（図表 6.3.1）。まず，年間月別販売計画より月間の稼働日数に比例した月別生産計画数と製品在庫計画数を算出する。例えば，製品を冷凍保存しておき解凍してから出荷する製品や，ワイン等賞味期限が長い製品は比較的平準化が容易である。すなわち，在庫生産が可能な製品では月々の販売計画数に基づいた製品在庫数を検討し，生産能力を勘案して最終調整を図り，生産計画数を決定する（図表 6.3.2）。

　次に，確定した生産計画数に基づいて操業度平準化検討表（図表 6.3.3）を作成し，必要工数，必要人員等を算出する。この操業度平準化検討表は，食品工場の製造部署ごとに工数の過不足を算出していくとよい。繁忙月はたいがいどの部署も忙しいが，中には差が出てくる場合もあるの

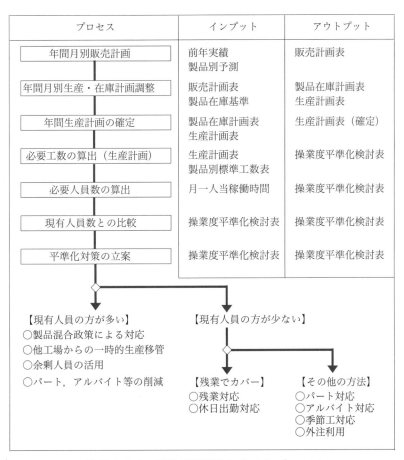

図表 6.3.1　操業度平準化に向けたプロセス

製品	年月	期首在庫	20XX年											
			1月	2月	3月	4月	5月	6月	7月	8月	9月	10月	11月	12月
冷凍保存ロールケーキ	販売数（本）	−	300	250	400	350	450	250	150	150	250	450	300	700
	生産数（本）	−	300	300	350	400	400	250	250	250	300	400	400	400
	在庫数（本）	50	50	100	50	100	50	50	150	250	300	250	350	50
ワイン	販売数（本）	−	4000	2500	3000	2500	3000	2000	1500	1500	2000	2500	3000	5000
	生産数（本）	−	3000	2500	3000	2500	3000	2000	2500	2500	2500	3000	3000	3000
	在庫数（本）	1500	500	500	500	500	500	500	1500	2500	3000	3500	3500	1500
シャンパン	販売数（本）	−	1000	0	0	0	0	0	0	0	0	500	3000	9000
	生産数（本）	−	0	0	0	0	0	1500	2000	2000	2000	2000	2000	2000
	在庫数（本）	1500	500	500	500	500	500	2000	4000	6000	8000	9500	8500	1500
・・・・・・														

図表 6.3.2　製品在庫計画表

項目	年月	20XX年											
		1月	2月	3月	4月	5月	6月	7月	8月	9月	10月	11月	12月
加熱調理グループ	生産計画に対する必要工数(H)	700	620	650	680	750	700	900	600	670	710	850	1100
	稼働日数分の標準工数(H)	680	645	645	680	680	680	750	645	645	680	680	750
	標準工数に対する過不足(H)	−20	25	−5	0	−70	−20	−150	45	−25	−30	−170	−350
盛付グループ	生産計画に対する必要工数(H)	3200	2850	2960	3080	3400	3120	4000	2780	3000	3200	3850	4850
	稼働日数分の標準工数(H)	3080	2940	2940	3080	3080	3080	3360	2940	2940	3080	3080	3360
	標準工数に対する過不足(H)	−120	90	−20	0	−320	−40	−640	160	−60	−120	−770	−1490
合計	生産計画に対する必要工数(H)	3900	3470	3610	3760	4150	3820	4900	3380	3670	3910	4700	5950
	稼働日数分の標準工数(H)	3760	3585	3585	3760	3760	3760	4110	3585	3585	3760	3760	4110
	①標準工数に対する過不足(H)	−140	115	−25	0	−390	−60	−790	205	−85	−150	−940	−1840
現状の内外作区分	②月間稼働時間(1人)	144	137	137	144	144	144	158	137	137	144	144	158
	③人員過不足（①/②）	−1.0	0.8	−0.2	0.0	−2.7	−0.4	−5.0	1.5	−0.6	−1.0	−6.5	−11.6
	余剰工数及び必要工数の対応	残業で対応	パート等の人員調整	残業で対応	対応必要なし	残業・臨時パート対応	残業で対応	残業・臨時パート対応	他工場からの取込み	残業で対応	残業で対応	残業・臨時パート対応	残業・臨時パート対応

図表 6.3.3　操業度平準化検討表

で，部署間の応援体制の検討も兼ねて，製造部署ごとに作成する。

次に，製造部署全体の工数を算出して1人当たりの月間稼働時間から工場全体の人員の過不足を算出し，必要工数の対応案を考える。工数が余剰の場合は，パートやアルバイトの出勤数を調整することが多く，場合によっては，他工場からの仕事の取り込みを実施するケースもある。工数が足りない場合は，残業や休日出勤による対応や臨時でパートやアルバイトを募集したり，新規設備の導入や人員の採用を行うこともある。場合によっては他工場に仕事を出したり，外注を活用したりすることもある。操業度平準化検討表は年間の操業度計画でもあり，概ねこの計画でいくと決定したら，週単位や日単位で細かく人員計画などを立案していく。

6.3.4 リードタイム短縮の目的と方策

食品の製造リードタイムと仕掛品在庫との間には密接な相関関係がある。製造リードタイムは，加工，検査，運搬，停滞の4つの工程によって構成されており，通常，この中で最も長いものが停滞時間である。停滞時間とは，仕掛品が工程間に滞留している工程待ち時間のことであり，それだけ仕掛品が多いということを意味する。

食品は特に鮮度が重要であり，リードタイムが短く，仕掛品が少ないほうがよいことは明らかである。そのため，停滞時間の短縮は仕掛品の削減に直結し，製造リードタイムが短縮して工数低減や生産性向上を図ることができる。

確実に製造リードタイムを短縮するためには，1章で記述したように，「理想の食品企業の体系図」（図表1.3）を構築することが必要となってくる。この中で重要な条件は，① 5S活動，② 目で見る管理（作業進度管理），③多能化と，そのための生産日程計画や段取作業方法の改善である。以下に，それらの推進方法について説明する。

　① 5S活動の推進

　　5Sを推進することで"理想の食品企業の実現"と製造リードタイム短縮を実現する。

仕 掛 品	やきそば
使用商品名	焼きそば弁当
顧 客 名	○○スーパー：1便
数　　　量	510
仕込み日時	4月10日　16時
盛付予定日時	4月11日　7時

図表 6.3.4　仕掛品現品票

a. ライン・工程・設備の整頓

製造リードタイム短縮を実現するため，食品製造現場において，ライン名・工程名・設備名と工程順番がわかるように表示する。

b. 仕掛品置場の整頓

工程表示とともに工程待ち仕掛品置場での置き方を決め，置く範囲の区画線を引き，「○○工程待ち置場」と製品の状態を表示する。

c. 仕掛品の停滞表示

仕掛品の停滞表示は，ロットごとに製品名と，いつから置かれているか，次にいつ使用する予定かがわかる「仕掛品現品票」を作成し，貼付する（図表6.3.4）。

② 「目で見る管理」の推進

5Sとともに「目で見る管理」を推進し，目で見てわかり，ムダのない職場づくりを進める。製造リードタイムを短縮するうえで重要なのが生産進度管理であり，製造部門では「作業進度管理表」に日々記録し，生産管理部門が結果をチェックして，問題点があれば対策を一緒に考えて改善を進める（図表6.3.5）。これにより以下が実現できる。

・正常・異常，ムリ・ムラ・ムダが一目でわかる

・問題点が見えてくる

・迅速な処置と再発防止対策が実施されていることがわかる

製造リードタイム短縮については，製造担当者のスキルアップや，生産技術部門とタイアップした作業改善を実施していき，生産管理部門が様子を見ながら生産リードタイムを短縮していくとよい。

③ 多能化の推進

製造リードタイム短縮のためには，工程を早く流すことが重要であるが，熟練の検品者が2名体制である場合，仮に1名が休むと不慣れな作業者が配置につくことになり，その結果，

作業進度管理表										職場：寿司弁当盛付課　20XX.4.10
商品名	生産能力（パック/H）	段取り時間（分）	人員：10名 予定				人員：10名 実績			差異要因（問題点）
			数量	着手時刻	完了時刻	所要時間	数量	着手時刻	完了時刻	所要時間	
箱寿司	750パック/H	10	1100	7:00	8:28	88分	1100	7:05	8:43	98分	1名新人が入ったためラインバランス崩れる
玉子助六寿司	1000パック/H	12	3100	8:40	11:46	186分	3100	9:10	12:42	212分	前工程の仕込が20分遅れた
サラダ助六寿司	800パック/H	15	1550	13:00	14:54	116分	1550	13:40	15:52	132分	結果，完了時刻が1時間遅れ

図表6.3.5　作業進度管理表

ラインバランスが崩れて遅くなってしまう。そのため，多工程持ちのできる作業者を育成していくことが重要である。生産管理課は，生産進度管理表のデータを基に，製造部と相談して従業員の多能化を進めていく。

また，工程間のバランスをとるため，助け合いができる作業者を育てていくことを重点に，多能化を進める。具体的には，スキルマップを作成して教育させたい項目を選定し，今期の教育訓練計画を作成して，前後工程・助け合い工程の作業を中心に多能工を育成していく（図表6.3.6）。

多能化を進めるポイントは，以下のとおりである。

a. 多能化の意義を十分理解すること

作業者の中には，多能工になることに抵抗を示す者もいる。それは，多能工にさせられた結果，便利屋としてたくさんの仕事を任されてしまうのでないかという意識があるからである。

そこで，工場長や管理者は，製造リードタイム短縮を図ることの重要性と，多能化を推進する意義を作業者に周知徹底させる必要がある。

b. 優秀な作業者から多能化を進める

多能化を進める際の留意点は，まずは有能な作業者から進めていくことが大切である。そうすることで，「あの人が多能工になるのだから，会社はそれだけ多能化を重要視しているんだ」という意識が浸透し，多能工に対する現場作業者の抵抗感がなくなる。

	作業内容	マニュアル	山崎	伊東	鈴木	川口	山田	清水	・・・	・・・	教育者	担当者
寿司盛付	詰合せ容器セット	○	◎	◎	○	○	○	△				
	寿司1品盛付	○	◎	○	◎	○	○	○				
	寿司2品盛付	×	◎	○	○	○	△	○			山崎	山田
	お玉での惣菜盛付	△	◎	◎	○	○	△	△				
	弁当の蓋閉め・目視検査	△	◎	△	○	△	△	／			山崎	伊東
	金属探知機・計量	○	◎	◎	○	○	△	△			山崎	山田，清水
	箱詰め	－	◎	◎	◎	◎	○	○				
	食材の準備	△	◎	○	△	○	○	／				
	容器・包装材の準備	△	◎	○	△	△	△	／			山崎	川口
	見本作り	△	◎	◎	○	○	○	／				

スキルマップ　20XX年4月

マニュアル：あり＝○　要修正＝△　なし＝×　必要なし＝－
スキル：◎＝指導可　○＝1人で可　△＝補助要　無印＝できない
　　　／＝当面必要なし　アミカケ：教育させる

図表 6.3.6 寿司弁当製造部 スキルマップ

6.4 購買・外注管理部門

6.4.1 購買・外注管理部門の役割使命とイノベーション

食品製造においては，原料や包装材は製品原価に占める比率が大きい。また，製品を外部委託する場合は，食品安全リスクを検討しなくてはならない。このようなことから，購買・外注管理部門の役割使命は以下のようなことである。

- ・品質の良いモノを安価に購入し，原材料・包装材の費用削減を図る
- ・調達リードタイムの短縮を進め，生産時期および生産数の変動への適応力を高める
- ・必要なモノを，必要な時に，必要なだけ仕入れ，製造部門へ供給する
- ・適切なQCD（品質・コスト・納期）実現のために，より有利な新規取引先を開拓する
- ・食品安全を担保するために，調達先の品質リスクを管理する

このように，購買品・外部委託品を最適なQCDで製造に提供する司令塔としての役割使命を担う購買・外注管理部門の責任は大きい。購買・外注管理部門で最も大切なことは，原材料や外部委託製品のQCDをコントロールして予防的管理を実施していくことである。そのため，社内では開発部門へのVE（バリューエンジニアリング）提案や製造部門とのコミュニケーションを強化し，また購買先・委託先に対しては，見積り，外部監査，QCDに関する折衝を強化する必要がある。

マネジメントイノベーションを実践するための，購買・外注管理部門のVMボードの一例を図表6.4.1に紹介する。購買・外注管理のVMボードは，購買・外注戦略，方針・目標の管理（目標，実績，差異と対策），それに対する購買・外注別のQCD成績表を明確にする。それに納入品質管理，コストダウン管理，納期管理が連鎖していくようにレイアウトするとよい。また主要な外注については専用VMボードを設けて，定期的にVMボードの前で話し合うことで対策を講じていく。このように，購買・外注についても「見える管理」を行うことによって，確実に成果を上げるようにしていく。

購買・外注管理部門の業務ごとの主なVM資料には以下のようなものがある。

- ・納入品質管理：納入不良件数推移グラフ，納入不良対策実施状況管理表，再発防止対策管理表
- ・コストダウン管理：コスト低減額推移グラフ，コストダウン対策実施表，開発購買管理表
- ・納期管理：納期遵守率推移グラフ，外注別納入計画・実績表，再発防止対策実施管理表

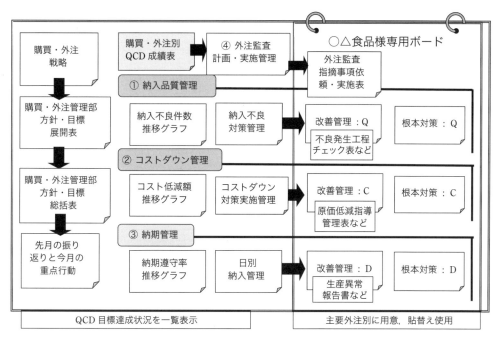

図表 6.4.1 購買・外注管理部門 VM ボード

・外注監査計画・実施管理：外注別 QCD 成績表，監査計画書，監査指摘事項実施表

6.4.2 購買・外注管理部門のプロセスマネジメントの実施

購買・外注管理部門のプロセスマネジメントとは，Q（Quality：品質）においては，原材料や外部委託製品の納入品質不良が発生したら発生原因を追究し，再発しないよう対策の PDCA サイクルを回していく。D（Delivery：納期）においては，納入遅れの原因が当社なのか外注先なのか真の原因を追究し，対策の PDCA サイクルを回していく。購買・外注先の品質トラブルや生産設備トラブルによる製造の遅れに対しては，VM ボードで次のような管理を実施する。

①納入不良対策実施状況管理表（図表 6.4.2）

納入不良が多い購買・外注先があれば，重点管理の対象として選定し，外注先別・月別で，納入不良の発生件数と対策実施件数を示す。納入不良の発生件数や対策実施の停滞件数が多い場合は，購買・外注先の責任者を呼んで対応を協議する。

②再発防止対策実施管理表（図表 6.4.3）

再発防止対策実施管理表は，納入不良に対する再発防止対策の実施状況を管理するもので，納入不良が発生したらその都度，この表に記載する。是正を要求した案件については，対策の実施状況，回答納期に対する遵守状況を管理する。

慢性的に繰り返し発生している不良については，根本的な対策をとる。

		100%	◎ 80%以上100%未満	○ 60%以上80%未満	△ 60%未満	×	

更新日：＿＿＿＿＿
管理者：山崎

管理区分	外注先名	担当者	区分	納入不良発生状況・対策実施状況								対策実施率	備考
				前年度(参考)	4月	5月	6月	7月	8月	9月	10月	年度合計	
重点管理	黒田食品	山崎	納入不良発生件数	70	6	4	6	5				21	61.9%
			対策済件数	27	6	3	2	2				13	
			対策実施状況評価	×	◎	○	×	×				△	
	デリカフーズ山田	山崎	納入不良発生件数	60	4	3	4	2				13	38.5%
			対策済件数	35	2	2	1	0				5	
			対策実施状況評価	△	×	△	×	×				×	

図表 6.4.2 納入不良対策実施状況管理表

更新日：＿＿＿＿＿
管理担当者：山崎

No.	不良発見日	外注先	品名	数量	不良の内容	再発防止対策			効果の確認
						回答期限	回答日	回答納期遵守	
1	4月2日	黒田食品	○○○○	2	外観不良（汚れ）	4月9日	4月9日	○	5月10日
2	4月3日	デリカフーズ山田	△△△△	1	員数不足	4月10日	4月9日	○	5月10日
3	4月11日	黒田食品	・・・・	1	異品納入	4月18日	4月19日	×	5月24日
4	4月16日	デリカフーズ山田	・・・・	1	外観不良（シール面しわ）	4月23日	4月26日	×	5月24日
5	4月22日	デリカフーズ山田	・・・・	1	金属異物混入	4月26日	5月9日	×	5月31日
6	4月26日	黒田食品	・・・・	2	外観不良（汚れ）	5月7日	5月14日	×	5月31日
7	5月8日	黒田食品	・・・・	5	シール剥がれ	5月15日	遅れ		
8	5月17日	加藤フーズ	・・・・	1	異品納入	5月24日	5月24日	○	6月24日
9	5月22日	デリカフーズ山田	・・・・	1	色が薄い	5月29日	5月29日	○	6月24日
10	5月23日	黒田食品	・・・・	1	印字空打ち	5月30日	6月3日	×	6月24日
11	6月4日	デリカフーズ山田	・・・・	4	外観不良（汚れ）	6月11日	遅れ		
12	6月4日	加藤フーズ	・・・・	8	員数不足	6月11日	遅れ		

管理指標　対策実施率　75.0 %　回答納期遵守率　33.3 %

図表 6.4.3 再発防止対策実施管理表

すなわち，外注専用のVM管理ボードを設けて，その前で定期的に外注担当者と打合せをしながらPDCAサイクルを回していくとよい．

6.4.3　アウトソース品質管理の進め方

筆者が指導している企業で，工場内で生産した食品のクレームは減少しているが，外部委託で生産した食品のクレームが一向に減らないという声が多く聞かれる．食品スーパーなどでは商品に対するクレームはまず店舗に寄せられるが，クレームの責任は，外部委託先ではなく納入して

いる自社となる。そういった意味でも、アウトソース先の品質管理体制をチェックしていく必要がある。

ここで、中部産業連盟で原案を作成し、筆者が修正した「アウトソース品質管理体系表」（図表 6.4.4）を紹介する。この表では、品質向上課題解決手段を「1. 品質管理の仕組みの確立」「2. 品質管理の運用」「3. 品質管理の改善」の3つの項目に分類して、それぞれの項目ごとに具体的な課題解決手段を設け、社内対応なのか外部業者対応なのかを区分し、アウトプット例を示している。このような表に基づいて、アウトソース先の品質管理体制をチェックしていくとよい。

この中で重要な項目の1つに、外部品質監査がある。この監査は、取引開始時、年に1度の定期品質監査、クレームおよび不良納入発生時の臨時監査がある。そして大切なことは、品質監査

アウトソース品質管理体系表			作成日： 作成者：
品質向上課題解決手段	対応区分		必要なアウトプット例
	社内対応	外部業者対応	
1. 品質管理の仕組みの確立			
品質上の管理項目を明確に示している（検査・できばえ）	◎	−	製品仕様書、検査規格書、限度見本
外注監査での不適合、工程内不良について、改善を確実に要求する	○	◎	改善進捗管理表
外注先の出荷検査の仕組みと基準をつくり運用する	○	◎	検査手順書、検査基準書
要求コストと要求品質のバランスで外注先を選定する	◎	−	外注先の評価・選定基準
2. 品質管理の運用			
品質管理依頼事項を遵守するよう要求する	○	◎	手順・基準の遵守状況表
外注先の検査の標準化指導を実施する	◎	○	検査作業手順書
外注先の検査員スキルアップ指導を実施する	◎	○	スキルマップ、教育訓練計画表
計測器の校正管理を要求する	○	◎	校正手順書、計測器のリスト
検査基準通りに検査しているか確認する	◎	○	工程パトロールの仕組み
工程内不良の状況など、外注先の品質の報告義務を取り決める	◎	○	（品質に関する協定）
定期的な外部品質監査を実施する	◎	○	（外注先の品質監査）
受入検査の仕組みと基準を作り運用する	◎	−	検査手順書、検査基準書
3. 品質管理の改善			
工程内不良のデータ分析を実施する	○	◎	QC7つ道具などを用いた工程の監視・分析
データ分析の結果、主要な項目について是正処置を要求する	○	◎	是正処置を求める基準
外注先での潜在的不良リスク分析を実施する	○	◎	リスクアセスメントシート
受入検査不良の自社でのデータ分析の実施と改善を要求する	◎	−	不良の発生状況の監視・分析、改善指導書
外注先の再発防止対策遵守指導を実施する	◎	◎	（立会い指導）
外部品質監査の結果、問題工程を指導する	◎	◎	（立会い指導）
品質が良い新規外注先を探す	◎	−	外注先の評価・選定基準

図表 6.4.4 アウトソース品質管理体系表

の結果，問題のあった工程を指導することであり，これらの進捗管理を実施するとよい。

品質管理で最も重要なことは，食品安全に関するチェックである。まずは「アウトソース品質管理体系表」で全般管理を行い，外部品質監査で食品安全に対する体制や実施状況をチェックする。外部品質監査のチェックポイントは，「1．食品安全全般に関すること」「2．PRP管理に関すること」「3．HACCP管理に関すること」の3つである。図表6.4.5に，食品安全全般の外部品質監査チェック項目を示す。ここでのチェック項目は，「緊急事態に対する備え及び対応」「人的資源管理」「不適合の管理」「是正処置及び予防処置」「製品回収管理」である。

次に，図表6.4.6にPRP管理（一般的衛生管理）のチェック項目を示す。ここでのチェック項目は，「前提条件プログラム」「施設設備関連の衛生管理」「設備・機械の保守管理」「そ族昆虫の防除」「使用水の衛生管理」「従事者等の衛生管理」「試験検査設備の校正管理」「製品の衛生的取扱い」である。

図表6.4.7には，HACCP管理のチェック項目を示す。ここでのチェック項目は，「製品の特性」「フローダイアグラム」「ハザード分析」「オペレーションPRP」「重要管理点」「HACCP及

	○○食品株式会社		食品安全全般	監査員：山崎（外部）	20XX.10.1
No.	分類項目		基本チェック事項	監査結果とコメント	評価等
1	5.7 緊急事態に対する備え及び対応		緊急事態にはどのような項目がありますか？	火災と地震	○
			上記緊急事態に対して，対応手順はどのようになっていますか？	日頃から教育している	○
2	5.7 緊急事態に対する備え及び対応		緊急事態は発生しましたか？またその対策はどのように実施していますか？	特に発生していない	○
			緊急事態のテストを定期的に実施していますか？	特にテストは実施していない	△
3	6.2 人的資源管理		食品安全に影響がある仕事をする要員に必要な力量をどのように明確にしていますか？	スキル表はないが教育はしている	△
			要員に一般的衛生管理の教育を実施していますか？	実施している	○
4	7.10 不適合の管理		最終検査の手順と，合否判定を受けた製品の処理方法を教えて下さい	製品検査表で実施している	○
			異物や，包装ミスなどクレームにつながる恐れのある不適合を見つけたときにはどのような処置をとっていますか？	工場長や製造部長に連絡する	○
5	7.10.2 是正処置及び予防処置		検査結果が不適合となった時はどのような処置をとっていますか？	製品出荷をストップし，原因を追究する	○
			不適合製品を再検査せず出荷していませんか？	していない	○
6	7.10.4 製品回収管理		出荷した製品が，その後，安全でないと判断された場合の回収はどのように行っていますか？また，手順は決められていますか？	ロットNo.で回収できるようになっているが，手順は決まっていない	×
			トレーサビリティシステムの有効性の確認（サンプリングで実施）	トレースは原料レベルまでとれている	○

図表6.4.5 外部品質監査チェックリスト（食品安全全般）

	○○食品株式会社	PRP 管理（一般的衛生管理）	監査員：山崎（外部）	20XX.10.1
No.	分類項目	基本チェック事項	監査結果とコメント	評価等
1	7.2 前提条件プログラム（PRP）	異物混入を未然に防ぐためにどのようなことをしていますか？ 持込み禁止・ローラー掛け・手袋・マスクのルールは守られていますか？	ルールを守っている	○
		日付け印字やシール状態のチェックは，どのように行っていますか？	適切にチェックしている	○
2	7.2.3 施設設備関連の衛生管理	工場内のゾーニングはどのようになっていますか？	建屋の問題で，ゾーニングは厳しい状況	△
		衛生区域/汚染区域の分類を正しく理解していますか？	同上	△
3	7.2.3 施設設備関連の衛生管理	定期清掃の種類と頻度はどのように設定していますか？	チェックリストで設定	○
		マニュアルに従って，適切に清掃作業をしていますか？	コンタミ防止マニュアルもあり，適切に実施	○
4	7.2.3 設備・機械の保守管理	設備・機械等の定期点検はどのような頻度で行っていますか？	日常点検で実施	○
		設備・機械の管理はきちんとされていますか？	日常点検で実施	○
5	7.2.3 そ族昆虫の防除 使用水の衛生管理	そ族・昆虫対策はどのように行っていますか？	防虫業者に委託している	○
		使用水は食品製造等に適していますか？定期的に検査をしていますか？	上水を使用しており，検査も実施している	○
6	7.2.3 従事者等の衛生管理	毛髪混入対策はどのように行っていますか？	ローラー掛けをしている	○
		定期的な健康診断・検便を実施していますか？	健康診断は年1回，検便は年2回実施している	○
7	7.2.3 従事者等の衛生管理	体調不良の報告はどのように行われていますか？	入室チェック表で確認している	○
		傷や風邪等，症状によって適切な処置が取られていますか？	適切な処置が取られている	○
8	7.2.3 試験検査設備の校正管理	計量器の毎日点検と月次点検を行っていますか？	基準分銅で実施している	○
		温度計の校正を行っていますか？	校正された温湿度計が1台ある	○
9	7.2.3 製品の衛生的取扱い	製品の工場内移動についての取扱いについて衛生面の問題はありますか？	特に問題ない	○
		製品の工場間移動についての取扱いについて衛生面の問題はありますか？	前工程から包装工程に移動させる際に，製品の入ったケースの蓋が外れている現場を目撃した	△

図表 6.4.6 外部品質監査チェックリスト（PRP 管理）

び OPRP の逸脱管理」「不適合の管理」である。

　外部品質監査が終了したら，監査チームで外部品質監査報告書（図表6.4.8）を作成する。品質監査終了会議にてアウトソース先に内容を報告し，改善要望事項については期日までに改善結果の報告を依頼する。改善結果の報告には再発防止の観点が含まれているかチェックし，場合によっては，再度訪問して監査する。また，重要なアウトソース先については，年1回程度，定期的に品質監査を実施するとよい。

○○食品株式会社		HACCP 管理	監査員：山崎（外部）	20XX.10.1
No.	分類項目	基本チェック事項	監査結果とコメント	評価等
1	7.3.3 製品の特性	原料・材料の安全性はどのように確認していますか？	原料の検査証明は全ては取寄せていない	△
		食品安全の法的及び規制要求事項を明確にしていますか？	明確にしている	○
2	7.3.5 フローダイアグラム	作業におけるすべての段階の順序は明確にされていますか？ 現場検証をしていますか？	明確になっている。本日現場検証を実施した	○
		作業手順の変更について，情報の伝達が確実に行われていますか？	品質管理に連絡が入ることになっている	○
3	7.4 ハザード分析	ハザードを明確化するにあたり，どのような情報を取り入れていますか？	業界の危害分析ワークシートを参考にした	○
		ハザードの許容水準の決定はどのような根拠を基に実施されていますか？	適切な許容水準を設定している	○
4	7.5 オペレーションPRP	オペレーションPRPの設定手段はどのように確立されていますか？	業界の設定手順を参考にした	○
		オペレーションPRPは，どのような項目があり管理されていますか？	乾麺の乾燥条件	○
5	7.6.2 重要管理点	重要管理点（CCP）は明確にされていますか？	明確にされている	○
		CCPはどの工程で，どのような管理をしていますか？	2ヵ所の金属探知工程が該当する	○
6	7.6.2 重要管理点	OPRP，CCPについて，管理基準を逸脱した場合，どのような処置をとっていますか？	CCP/OPRP整理表で明確にしている	○
		逸脱した場合の手順は，製造担当者に理解されていますか？	CCP/OPRP整理表は作成したばかりで，製造担当者への教育が必要	△
7	7.7 HACCP及びOPRP	金属探知機に異常が認められた場合には，どのような処置をしますか？作業に関わる担当者は手順を理解していますか？	CCP/OPRP整理表は作成したばかりで，製造担当者への教育が必要	△
		殺菌条件に異常が認められた場合には，どのような処置をしますか？作業に関わる担当者は手順を理解していますか？	CCP/OPRP整理表は作成したばかりで，製造担当者への教育が必要	△
8	7.10 不適合の管理	CCP及びOPRPが逸脱した場合，どのような修正及び是正処置を実施していますか？	CCP/OPRP整理表に明確にされている	○
		最近，CCP及びOPRPが逸脱したことがありますか？その記録を見せて下さい	逸脱の事例はない。記録をサンプリングで確認した	○

図表 6.4.7 外部品質監査チェックリスト（HACCP管理）

報告日	20XX/10/1
アウトソース先	○○食品株式会社 品質管理部　課長　△△様
監査実施日	20XX/10/1
監査チーム	リーダー：佐々木　メンバー：山崎（外部）
監査結果の まとめ	初めてのISO22000の外部監査にしては，スムーズに実施することができました。従業員の皆様の挨拶など，明るい雰囲気を感じることができました。 以下の点において，改善要望事項を2件挙げさせていただきましたので，改善のご報告をお願いいたします。観察事項2件につきましては，参考情報として，ご検討頂ければ幸いです。
不適合事項 ／観察事項 のまとめ	改善要望 事項 2件 ① 建屋の問題で，ゾーニングは厳しい状況です。 　⇒ハード面の改善は難しいので，飛翔虫等が外部侵入しないようにソフト面の注意をお願いします。 ② 製品の工場間移動があり，監査時に前工程工場から包装工場に移動させる際に，製品の入ったプラケースの蓋が外れかけている現場を目撃しました。 　⇒蓋が外れないように検討をお願いします。 観察 事項 2件 ① 主要原料の検査証明は，全ては取り寄せていない状況です。 　⇒主要原料は中国から輸入していることもあり，規格書だけではなく，農薬等の検査証明の定期的な取り寄せの検討をお願いします。 ② CCP/OPRP整理表は作成したばかりであり，この内容は製造担当者に周知徹底されるよう教育をお願いします。
添付資料	フローダイアグラム，危害分析ワークシート，CCP/OPRP整理表 QC工程表，外部監査チェックリスト
配付先	○○食品株式会社

図表 6.4.8　外部品質監査報告書

6.4.4　購買・外注管理部門のコストダウン活動の進め方

　為替が円安基調になると，海外から原料を輸入している食品企業にとってはコストアップの要因となる。そのため，食品企業においては，製品原価の中で原材料費率が年々高くなってきており，コストダウン活動はますます重要な位置付けとなってきている。そのため，購買・外注管理部門としては，絶え間なく購入費や外部委託費のコストダウン活動を進めて，ライバルとの競争に打ち勝たなければならない。

　購入費や外部委託費を低減するには，購入・外部委託業者に対する画一的なコストダウン要求だけではなく，相見積や新規業者開拓などの戦略的な取り組みが欠かせない。また，購入・外部委託業者とも協力して工場管理の改善など多面的なコストダウンを実施する必要がある。

　図表 6.4.9 に，中部産業連盟で原案を作成し，筆者が修正した「コストダウン管理体系表」を紹介する。この表では，コストダウンの課題解決手段として「1．コストダウンの仕組みの確立」「2．コストダウンの運用管理」「3．コストダウンの運用改善」の3つの項目に分類して，それぞ

コストダウン管理体系表			作成日： 作成者：
コストダウン課題解決手段	対応区分 社内対応	対応区分 外部業者対応	必要なアウトプット例
1．コストダウンの仕組みの確立			
業者別の年間コストダウン目標値を決めて，実勢を管理する	◎	－	コストダウン活動目標管理表
担当者別にコストダウン製品と目標額を明確にし，その実施計画を立てて，活動実績を管理する	◎	－	担当者別コストダウン計画・実績表
定期的なコストダウン要求の仕組みをつくる	◎	－	コストダウン活動目標管理表
相見積もりがとれるよう複数購買体制を確立する	◎	－	相見積業者管理表，価格交渉計画表
購買先・外注先のコスト構造を把握する仕組みをつくる	◎	－	購買先・外部委託先原価表
原材料などの相場情報を入手し，価格改定を行う仕組みをつくる	◎	－	担当者別コストダウン計画・実績表
製品の原価計算をチェックする仕組みをつくる	◎	－	製品別原価計算システム
新規品と小ロット品，主要品に分けて，コストダウン計画を立案する	◎	－	構成要素別コストダウン計画表
2．コストダウンの運用管理			
原価計算で利益の薄い製品について，購入単価の見直しを要求する	◎	○	不採算製品原価低減計画表
3．コストダウンの運用改善			
顧客からの値下げ依頼を開示し，購入先・外部委託先に理解を得る	◎	○	原価低減目標一覧表
生産能率目標を設定し，双方で効率改善できる仕組みをつくり上げる	◎	○	コストダウン研究会
VE 提案に基づき指導する	◎	○	VE 提案実施管理表
外注していた工程を，自社で取り込む（内製化）	◎	－	内製化推進計画管理表
原材料など当社から支給したほうが安い場合は切り替える	◎	○	材料支給検討表
外部委託先での VE ネタ出しを支援する	◎	○	業者指導管理表
外部委託先での歩留向上改善，工数低減改善を支援する	◎	○	業者指導管理表
外部委託先での製造経費削減を支援する	◎	○	業者指導管理表

図表 6.4.9 コストダウン管理体系表

れの項目ごとに具体的な課題解決手段を設け，社内対応なのか外部業者対応なのかを区分し，アウトプット例を明示している。このような表に基づいて，購入費や外部委託費のコストダウンの管理体制をチェックしていくとよい。

一般的な原料・包装材等の購入費や製品の外部委託費低減管理は，以下のような手順で進める。

1）全社的な原価低減目標から，購入費と外部委託費の低減管理目標を設定する
2）購入費，外部委託費の内訳を調査し，費用上位から低減の対象業者や対象品目を特定する
3）コストダウン内容を計画し，担当者ごとの「コストダウン活動目標管理表」を作成する（図表 6.4.10）
4）コストダウン活動目標管理表をもとに，「担当者別コストダウン計画・実績表」を作成する（図表 6.4.11）。コストダウン計画では，複数購買，集中購買などの購買方法や製品の

担当者	目標低減金額（年間）		4月度		5月度		6月度	
			単月		単月	累計	単月	
○○課長	年間効果 5,000 千円	計画	300 千円					
		実績	200 千円					
△△係長	年間効果 4,000 千円	計画	200 千円					
		実績	150 千円					
………	………	………	………					
購買部	年間効果 20,000 千円	計画	1,000 千円					
		実績	900 千円					

図表 6.4.10 コストダウン活動目標管理表

購入・外部委託業者名	購入原材料/製品	目標低減金額	計画		実績と課題		
			主な内容	切り替え時期	4月	5月	6月
BB商事（原料購入）	グルタミン酸ソーダ	一律10％（年間効果1,000千円）	・調達先変更 ・単価交渉 ・複数購買	9月発注分〜	新規調達先検討（2社） 9月発注分より，10％ダウンの提示（5月に回答予定）	一律3％ダウン回答 新規調達先は，当社希望価格で取引可能（BB社再折衝）	
	食塩	…………				…………	
AA食品工業（外部委託）	寿司パック製品	一律10％（年間効果800千円）	・単価交渉 ・包装方法等の変更 ・材料支給	9月発注分〜	15％ダウン提示 5月までに生産技術を中心にVE化案検討	一律2％回答 VE化案20件抽出（絞り込み6月まで）	

図表 6.4.11 担当者別コストダウン計画・実績表

	4月度　ワースト10		5月度　ワースト10		5月度　ワースト10	
	企業名	原価低減目標達成率	企業名	原価低減目標達成率	企業名	原価低減目標達成率
1	AA食品工業	0％	BB商事	20％		
2	BB商事	20％	AA食品工業	30％		
3	CCフーズ	30％	DD加工食品	40％		
4	・・・・・・					

図表 6.4.12 コスト低減率ワースト一覧表

　製造方法の変更，原料や包装材の代替などの改善計画も盛り込む

5) 前記の計画を実行する

6) 毎月，目標の達成状況と計画の実施状況を確認する。目標の未達成や計画の遅れが発見された場合，適切にフォローアップする。必要があれば，計画の追加や変更，目標の見直しも行う

7) コストダウン活動の実績を推移グラフで示し，毎月，目標の達成状況（部全体と個人別）

を確認する

8) コスト低減率の悪い購入・外部委託業者の一覧表を示し，改善の推進を促す（図表 6.4.12）

6.4.5 具体的なコストダウンの手法

購買・外注管理部門におけるコストダウンの具体的な手法は，以下のとおりである。

- 購買先または外注先を変更する
- 未取引購買先または外部委託先から見積書を提出させて，既存取引業者を牽制する
- 複数購買方式の採用
- 海外調達の促進
- 一貫外注方式の採用
- 長期契約購買方式の採用
- 親会社および関連会社を通しての集中購買
- 代金の支払方法条件による単価交渉
- 原料，包装材の標準化，共通化検討（設計部門への提案）

このほかにも，購入・外部委託業者を指導して工場管理の改善を求めるなど，多面的なコストダウンを実施するのも有効である。これについては「業者指導管理表」（図表 6.4.13）で進捗状況を毎月管理していくとよい。これらの表についても VM ボードに公開して情報の共有化を図り，目標の達成状況や計画の実行状況，課題の処置状況が容易に目で見てわかるようにするとコストダウン達成率が向上する。

購買先		A社	計画作成年月日		20XX 年 3 月		作成部署		購買課
No.	改善テーマ		改善計画内容	スケジュール				備考（コメント）	
					4月	5月	6月	7月	
1	寿司パック製品全般で一律10％のコストダウンを実施		包装ケースの見直し（盛付け作業性の改善）	計画	→→				ほぼ順調
				実施	→→				
				確認		△	○	○	
			蓋を手作業で 4 ヵ所留めしていたのを，サイドシュリンク方式に変更	計画		→→			サイドシュリンク包装機のリース見積りに課題
				実施		→→			
				確認			△	×	

図表 6.4.13 業者指導管理表

6.5 製造部門

6.5.1 製造部門の役割使命とイノベーション

　食品工場における品質向上や工数低減によるコストダウンの達成度合いは，何と言っても製造部門の管理力・現場力により決まってくる。食品製造部門の役割使命は，一言でいえば「所定の品質・価格・数量の製品を，所定の期日までに，最も経済的につくること」にある。具体的には，下記の役割使命を担っている。

- 顧客の要求する安全な商品を決められた期日までにつくり，提供する
- 製品不良を撲滅し，リスク管理を行い，所定の品質水準を維持する
- 仕掛品を削減し，製造リードタイムを短縮する
- 工数低減，および人と機械設備の生産性の向上を図る
- 多能化を推進し，作業者のスキルアップを図る
- 電気・水・ガス・燃料油などの資源を有効活用することで，製造経費の低減を図る
- 生産現場で発生する異常，ムダ，問題点を浮き彫りにして，改善活動を展開する
- 上記の役割を果たすことで製造原価の低減を実現し，収益の向上に貢献する

　このように，食品製造部門は，食品を安全，確実に，最小コストで製造する役割使命を担っている。しかし，多くの食品工場の製造現場の実態は，作業者の怠慢，不良発生，機械設備の故障などの異常，ムダ，問題点が発生している。また生産進度が目で見てわからないことも相まって，出来高や納期確保ができておらず，急な残業や休日出勤などの対応で挽回するといった管理になっている。

　食品製造部門の役割使命を果たすためには，次の6つの管理業務についてマネジメントイノベーションを実施する必要がある。

　①不良低減・クレーム撲滅管理

　　食品製造において不良が発生すると，食品危害につながることがある。例えば，シール不良が発生するとチーズ製品ではカビが発生してしまう。したがって，不良のリスクを分析して優先順位を付け，品質管理部門にも協力してもらって不良低減とクレーム撲滅に取り組む。

　②段取工数低減管理

　　食品製造においては洗浄時間など，段取時間に多くの工数がかかる場合がある。そこで，

段取工程分析を実施して，減らせる部分がないかアイデアを出しながら工数低減を図っていく。

③製造費用低減管理

食品工場にとって，燃料費・電力費・水道費・消耗品費などは大きな費用負担となっているので，これらの削減に取り組んでいく。

④生産進度管理

生産計画に対して製造が遅れると，納期遅れになることがある。生産管理部門の協力を仰いでしっかりと生産進度管理を行い，遅れた場合は早急に対処するとともに，その原因を追究し，対策をとる。

⑤設備点検管理

設備の日常点検をしっかり行うことにより，設備の突発的な故障を防ぎ，設備の問題点に気が付いたら，設備保全部門の協力を仰いで，いち早く修理する。

⑥生産性向上管理

生産性指標を分析することにより改善の効果を確認し，未達成の場合は，更なる対策を立てていく。

食品製造部門のマネジメントイノベーションを実現するためには，管理業務をVMボードによって「見える管理」に変えることが必要である。食品製造部門のVMボードの例を図表6.5.1に示したが，左側に品質向上やコストダウンに関する方針・目標の管理（目標，実績，差異と対策）

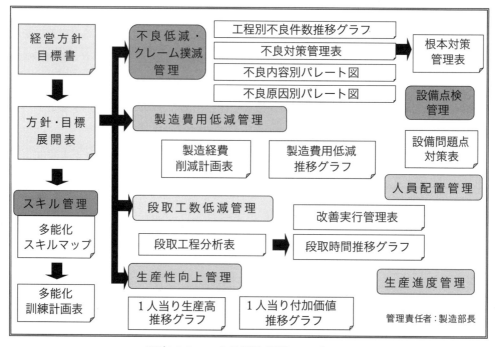

図表 6.5.1 食品製造部門 VM ボード

と製造従事者のスキル管理を配置する。方針・目標展開表からは，不良低減・クレーム撲滅管理，段取工数低減管理，製造費用低減管理，設備点検管理，人員配置管理，生産進度管理，生産性向上管理をレイアウトすると，各資料と管理サイクルが連動し，マネジメントがやりやすい。

以下は，管理業務ごとの主なVM資料である。

- 不良低減・クレーム撲滅管理：工程別不良件数推移グラフ，不良内容別パレート図，不良原因別パレート図，不良対策管理表，根本対策管理表
- 段取工数低減管理：段取工程分析表，段取時間推移グラフ，改善実行管理表
- 製造費用低減管理：製造経費削減計画表，製造経費低減推移グラフ
- 生産進度管理：生産計画・進度管理板，問題点対策管理表
- 設備点検管理：設備日常点検表，設備問題点対策表
- 生産性向上管理：1人当り生産高推移グラフ，1人当り付加価値推移グラフ

6.5.2 不良低減管理の効果的な進め方

食品製造部門においては，不良が発生してから応急処置を施すという，いわゆる後手後手の対応に終始しているケースが少なからずあり，そうした対応では真の品質向上につながらない。そこで，真の原因を追究し，問題の根本から改善し効果を確認すべきであるが，確実に実施されていないので，その後の問題発生を防ぐことができていない。

そこで，このような製造現場において，発生した不良を低減する活動を実施する必要がある。"目で見る管理"は「関係者のファイルの中だけに収められている情報をVMボードで"見える化"し，確実にPDCAサイクルを回していくこと」である。つまり，不良品の数量・内容・原因・応急処置内容・対策効果を"見える化"するのである。

不良低減管理の"見える化"により，製造現場で発生した不良内容を作業員全員が把握し，解析や改善を行うことで不良を低減することができる。具体的には，まず製造職場別の不良件数を把握し，不良件数推移グラフを作成する（図表6.5.2）。それにより，重点的に不良対策を施すべき製造部署を把握する。

次いで，管理単位（職場・ライン・工程・製品）で不良内容（シール不良・詰合せ不良・印字ズレなど）をパレート図に表す（図表6.5.3）。パレート図によって，どこから問題点を掘り下げていくか優先順位がわかりやすくなる。また，発生原因別パレート図を作成すると，不良原因項目を絞ることができる（図表6.5.4）。

食品製造現場のVMによる不良低減管理は，それまで製造日報に記録していた不良内容を「不良対策管理表」で"見える化"することである（図表6.5.5）。この帳票に，日々食品製造部門で発生した不良の内容・応急処置を製造管理者が記入する。そして品質管理部門とVMボードの

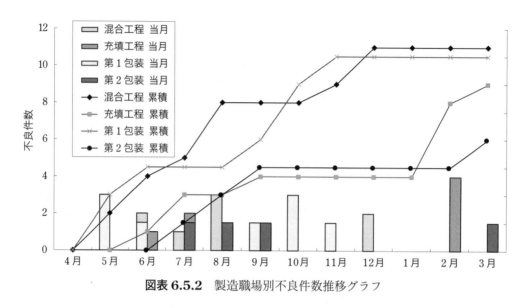

図表 6.5.2 製造職場別不良件数推移グラフ

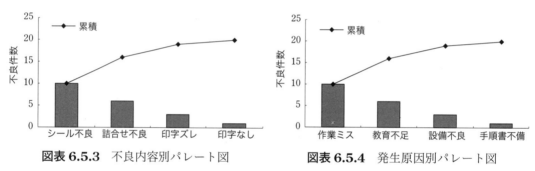

図表 6.5.3 不良内容別パレート図　　**図表 6.5.4** 発生原因別パレート図

食品製造部 20XX 年度						今期目標：重不適合：3件以下，軽不適合：9件以下		4月末現在：重不適合：1件，軽不適合：1件				
No.	ランク	発生年月日	部署	商品名	不良内容	応急処置内容実施日	原因	再発防止対策	実施期限	実施日	担当者	効果の確認	損失コスト
1	重	4月12日	混合	焼肉のたれ	混合ミス1釜	廃棄，再混合（4月13日）	原料用意時の段取りミス	①段取り作業標準書の作成②作業者教育の実施	4月末	4/28	山崎	5月10日	30万円
2	軽	4月15日	包装	スープ	シール不良20袋	廃棄，再包装（4月16日）	シール面の汚れ	①定期的なシール面の清掃②作業者教育の実施	4月末	4/30	山崎	5月20日	5千円
3													

図表 6.5.5 不良対策管理表

前で話し合い，原因と再発防止を手書きで記入して，リアルタイムに対策を実施していく。この管理で重要なことは，実施後，不良が再発していないことと，対策の効果を確認することである。

中には，不良の原因が特定しにくいケースや再発防止対策が難しいケースがある。また，何度となく再発しているケースもある。この場合には，「根本対策管理表」で再発防止処置・予防的処置の管理を徹底するとよい（図表6.5.6）。これについても，ファイルの中だけに収められていた再発防止処置・予防的処置情報をVMボードで"見える化"し，PDCAサイクルを回すことにより，部門間で協力して管理できる仕組みを作っていくようにする。つまり，再発防止対策の判断基準，不良／クレーム予備軍における原因追究，再発防止対策，その実施状況，効果確認，再発防止対策・予防的処置の進度管理を"見える化"する。

再発防止処置・予防的処置管理を確実に実行するには，「なぜなぜ」を繰り返し，問題の真の原因を把握することが重要である。ある食品会社の回転式ピロー包装機で，空打ち印字の製品が客先に流出して重大クレームとなったが，これを「なぜなぜ分析表」で徹底的に分析することで原因を把握し，対策と改善に結びついた。その分析表を図表6.5.7に示した。

区分起因	不良・クレーム内容／日付	原因／日付	類似事項／日付	対策立案／日付	実施・確認／日付	記録者完了承認
再発防止	Aスーパーより，9月15日に販売した○○商品に髪の毛が混入していたとの連絡があった(20XX.9.16)	Aラインの一部の作業者は，帽子から髪の毛がはみ出ていた(9.20)	全工場において，同様の事項が見受けられた(9.20)	インナーネットをしてから帽子をかぶるようにする。作業者には，きちんと被ることを教育する(10.01)	帽子の変更作業者への教育(10.10)	製造部山崎
クレーム						品質管理部中村
予防	Aラインにおいて洗浄殺菌後の拭き取り検査で，一般生菌数が規格の上限を示していた(20XX.10.01)	洗浄マニュアルがないため，作業者の洗浄殺菌の方法がマチマチであった(10.05)	Bラインにおいても同様であった(10.05)	洗浄マニュアルの作成予定(10.20)作業者の教育予定(10.20)	洗浄マニュアルの作成(10.22)作業者の教育(10.25)上記確認(11.01)	製造部山崎
監視/測定						品質管理部中村

図表6.5.6 根本対策管理表

5W（なぜ，なぜ，なぜ，なぜ，なぜ）	対策
なぜ？空打ち印字品が流出するのか？→検品者の注意不足のため	検品者の意識レベルの向上
なぜ？空打ち印字品が発生するのか？→袋の吸盤で2枚吸引してしまうため	2枚吸引しないか目視チェック追加
なぜ？袋が2枚吸引されるのか？→袋が静電気摩擦でくっついてしまう	袋に粉を吹いて静電気対策を実施
なぜ？袋に粉を吹いてもくっつくのか？→粉がなくなるのを気付かないため	袋の仕入れ先の作業者に注意喚起
なぜ？粉がないのを気付かないのか？→作業者が常に目視で監視できない	粉の補充点位置にセンサーを設置（対策レベル）

図表6.5.7 なぜなぜ分析表

6.5.3 製造経費低減の効果的な進め方

食品企業では製造費用を低減するニーズが年々高まってきている。製造費用の中で原材料費や労務費を低減することも重要だが，製造経費も重要なコストダウンの手段である。製造経費には燃料費・電力費・水道費・消耗品費などが含まれるが，2011年3月の東日本大震災とその後に発生した原発事故により，電気料金は高騰したままである。さらに，最近の円安傾向が重油など燃料費の高騰に拍車をかけている。

このようなことから，食品企業のコストダウンとして製造経費にも目を向けて，削減対策を立てて着実に実施していく必要がある。以下に，3つの効果的な手順を述べる。

1) 製造経費の現状分析と目標設定

まず，製造経費の構成を分析して明確にする（図表6.5.8）。このうち，経費の費用構成・ウエイトを把握して，どこに焦点を絞って改善していくかを検討する。また，環境対策面からも，CO_2排出量などを明確にすることで，どこにポイントをおいて削減すべきかを検討する。次に削減目標を設定する。これらのデータは，できれば過去3年分の推移を調査して現在までの削減率を分析し，今年度の削減目標値を設定するとよい。

2) 目標達成のための実施計画の策定

削減目標を設定したら，次は項目ごとに優先順位をつける。例えば，製造経費の中で電力費に削減の余地があったら，「製造経費削減計画・実績表」を作成し，改善活動を開始する。図表6.5.9に，ある食品工場における電力費削減の事例を示す。ここでは，食品製造現場の電灯，空調機，食品機械についての具体的実施事項を設定している。未使用時の電源OFFの徹底などの具体的な実施方法を決めて，作業者に周知徹底し，毎月，管理者が実施状況を確認していき，問題があれば改善を指示するようにした。

3) 製造経費の削減実績の把握と対策

製造経費の削減実績は，毎月「製造費用低減推移グラフ」で削減金額や削減率などを管理する（図表6.5.10）。同表では，単月の実績棒グラフと累計の折れ線グラフで実績をわかりやすく示している。この製造費用低減推移グラフは，食品製造現場のVMボードに掲示することにより，作業者が削減目標の達成・未達成を目で見てわかるようにすることがポイントである。また，製造管理者は定期的にメンバーを集めて，ボードの前で実績グラフと「製造経費削減計画・実績表」をもとにミーティングをして実施状況を確認する。目標未達成または実施不十分であれば，その結果を「問題点対策管理表」に示して対策内容を明確にす

図表6.5.8 製造費目構成

〇〇工場製造費目構成 20XX年4月8日			
費目		%	
材料費		45	
労務費		25	
製造経費	減価償却費	3	30
	燃料費	8	
	電力費	5	
	水道費	2	
	修繕費	4	
	消耗工具費	4	
	通信費	1	
	運搬費	2	
	他	1	
		100	

6.5.3 製造経費低減の効果的な進め方

部門 製造部 混合・充填課				作成日 20XX年4月1日					作成者 山崎				

目的： 省エネルギー：電力費削減　　　　　目標： 対前年同月比の電力費　3％減

具体的実施事項	担当	個別目標	計算式	月	4	5	6	7	8	9	10	11	12	1	2	3
① 食品製造現場の電灯 ・昼休み，休憩時の消灯 ・勤務交替時の消灯 ・5Sで作業者へ周知徹底	全員	なし	なし	計画				実		行						→
				実績	○	○	○									
② 空調 ・空調機未使用時の停止 ・作業場内温度コントロールの徹底 　（温度条件は手順書による）	全員	なし	なし	計画				実		行						→
				実績	○	○	○									
③ 食品製造機械停止時の対応 ・食品製造機械未使用時の電源OFFの徹底 　（停止時の対応基準は手順書による）	機械担当者	なし	なし	計画				実		行						→
				実績	○	△	○									
上記実施状況は，製造部がまとめた実績を確認，経費削減委員会で対応 ①②③は，チェックリストで確認する				計画												
				実績												

　　　　　　　　　　　　　　　　　製造部長承認　　　　　　　　　　　　　年　　月　　日

図表 6.5.9 製造経費削減計画・実績表

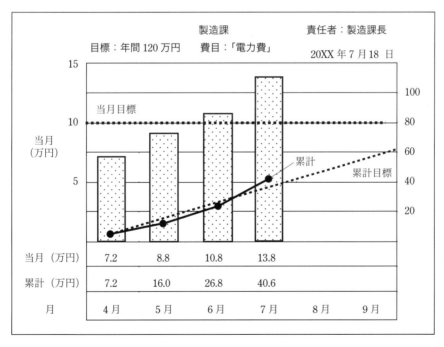

図表 6.5.10 製造費用低減推移グラフ

る。このようにPDCAサイクルを回すことにより，製造経費を削減していく。

ISO14001環境マネジメントシステムの認証件数は2万6千件を数えるまでに浸透してきており，植物性残渣が多く排出される食品製造業においても，このシステムの認証取得が増えてきている。このISO14001を効果的に利用すると，製造経費の低減につながる。

その手順を以下に示す。

1) 工場内の環境に影響を与える側面について，優先順位をつけてリストアップする
2) 燃料，電力，水道，消耗工具の項目について，CO_2の排出量削減などの観点から削減目標値を算出する
3) その削減目標値が，製造経費でどのくらいのコストダウンに相当するのか算出する
4) 具体的な削減計画を立案する
5) 削減実績について，環境面からは削減量，製造経費面からは削減金額をグラフに表す

以上のように，製造経費低減活動は，環境マネジメントシステムと融合させることにより，効果的に進めることができる。

6.6　品質管理・検査部門

6.6.1　品質管理・検査部門の役割使命とイノベーション

　食品の一般生菌検査などを実施する検査部門や，重大クレームを未然に防ぐ品質管理部門は，食品のリスクを減らすための重要な役割を担っている。品質管理・検査部門の役割使命は，以下のようなものである。
　・品質問題に対する統括的な調整と対策フォローの実施
　・市場への不良品の流出を防ぐとともに，再発防止の徹底と製造品質の向上を推進する
　・顧客クレームに対する迅速な対応を行い，顧客満足度の向上を図る
　・製造現場での品質パトロールの実施により，品質不良の未然防止を図る
　・検査機器・測定器の校正を確実に実施し，食品の理化学検査業務を完遂させる
　・バラツキの生じやすい官能検査（外観・内質）を安定的に実施する
　・食品製造部門の洗浄不足を防止するため，定期的に拭き取り検査を実施する
　・効果的な内部品質監査を実施して，品質の底上げを実施していく

　このように，企業が成長するための絶対条件である品質保証を全社に定着させることにより，企業の成長に貢献することが，品質管理・検査部門の大きな役割使命である。そのためには，クレームや工程内不良の解析力・予防力・データ分析力，製造・購買・開発等関連部門とのコミュニケーション力，再発防止計画・検証能力，内部品質監査能力を強化するとともに，高次元の品質管理を確実に実行できるマネジメント力が必要である。

　品質管理・検査部門の役割使命を果たすためには，次の6つの管理業務についてマネジメントイノベーションを実施する必要がある。

　①工程内不良低減管理

　　不良が発生したら即座に対応するリアルタイムマネジメントを実施するとともに，工程内不良の原因を追究して再発防止対策を徹底し，PDCAサイクルを回すプロセスマネジメントを実施していく。

　②クレーム削減管理

　　クレームを削減していくために，クレームが発生したら，その真の原因を追究して再発防止を徹底し，PDCAサイクルを回すプロセスマネジメントを実施していく。

③クレーム回答管理

クレーム回答を迅速に実施していくために，クレーム回答の状況をVMボードに掲示して，目で見てわかるようにする。

④品質パトロール管理

食品製造現場の品質状況をチェックし対策を実施するために，品質パトロールという予防的管理を取り入れる。

⑤拭き取り検査改善管理

拭き取り検査の結果，管理基準を超えていた場合など，VMボード上にその結果と改善策を掲示する。

⑥官能検査レベル管理

食品検査の中には，形状や色沢を調べる"外観官能検査"と，食感や味を調べる"内質官能検査"がある。どちらもばらつきが生じやすいのでルールを決めて定期的に力量をチェックし，検査結果をVMボード上で管理する。

品質管理・検査部門のマネジメントイノベーションを実現するために，必要な管理業務をVMボードによって「見える管理」を行う。品質管理のVMボードは，左側に品質向上戦略，方針・目標の管理（目標，実績，差異と対策）を，その右側には工程内不良低減管理，クレーム削減管理，クレーム回答管理，品質パトロール管理，拭き取り検査管理，官能検査レベル管理などをレイアウトする（図表6.6.1）。

以下は，管理業務ごとの主な資料である。

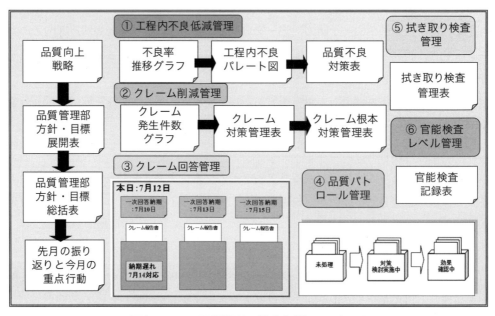

図表6.6.1 品質管理・検査部門VMボード

- 工程内不良低減管理：不良率推移グラフ，工程内不良パレート図，品質不良対策表
- クレーム削減管理：クレーム発生件数グラフ，クレーム対策管理表，クレーム根本対策管理表
- クレーム回答管理：クレーム回答管理板
- 品質パトロール管理：品質パトロール指摘事項実施状況管理表（ボードを含む）
- 拭き取り検査管理：拭き取り検査管理表，汚染マップ
- 官能検査レベル管理：官能検査マニュアル，官能検査記録表

6.6.2　品質管理部門のプロセスマネジメントの実施

　品質管理部門のプロセスマネジメントは，工程内不良とクレーム発生の原因を追究し，撲滅するための確実な改善実行と振り返り，PDCAサイクルを回していくことである。結果の管理だけではなく，VMボードで「見える管理」を行い，以下のようにマネジメントの基本体系化を図る。

①工程内不良の対策

　日々の食品製造ラインの工程内不良をパレート図で分析し，不良対策項目に優先順位をつける。PDCAをグラフ中に記入するか，別途下部に帳票をつけて，不良対策の進度状況が見えるようにする（図表 6.6.2）。

②クレーム根本対策の実施

　クレームの発生情報を迅速かつ正確に把握し，当面の処置を迅速に実施する。根本対策が

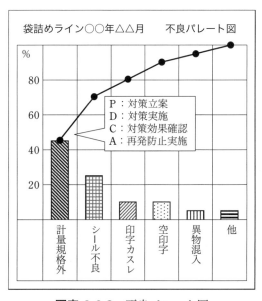

図表 6.6.2　不良パレート図

必要なものについては,「クレーム根本対策管理表」に落とし込み,「なぜなぜ分析」を実施しながら根本原因を探っていき,次に,対策スケジュールを立てる。そして,VMボードで進捗をチェックし,対策実施結果の評価を行う。対策が実施されたか,効果があったのかをはっきりさせ,基準書の改定や教育実施により再発を防止する。

図表6.6.3に示した「クレーム根本対策管理表」は,筆者が経験した事例である。クレーム内容は,洗浄不足による生菌数増加であった。経緯は,4月下旬の月曜朝に製造して午後便でG社に納めた「玉子豆腐」の一部について生菌数増加が見られたため,全品回収して測定したところ,出荷基準の2倍の数値であった。そこで要因分析を実施した結果,以下の5つの原因が抽出された。

・出荷後に一般生菌数の検査結果が出ていた
・土曜日に充填機を洗浄して洗浄残りがあった

	クレーム内容	洗浄不足による生菌数増加			担当者	山崎	関連部門	食品製造2課
①要因の分析	現象	4月24日の月曜日に製造して,午後便でG社に納めた「玉子豆腐」の一部について,生菌数増加が見られた。全品回収して測定したところ,出荷基準の2倍の数値であった。						
	原因と対策	真の原因・間接的な原因				対策		
		出荷後に一般生菌数の検査結果が出ていた				初回ロット品を測定し出荷前に判明させる		
		土曜日に充填機を洗浄して洗浄残りがあった				洗浄後に管理者が確認し記録する		
		マニュアルには洗浄の注意ポイントが未記載				洗浄マニュアルを見直し現場に掲示する		
		土曜日の洗浄担当者は新入社員であった				スキル表の評価基準を厳格に見直す		
		生産しない日曜日にエアコンをかけていない				4月でもエアコンをかけるようにする		
②対策スケジュール	対策実施項目		5月	6月	7月	8月	・・・	3月
	初回ロット品を測定し出荷前に判明させる		→→→	完了				
	洗浄後に管理者が確認し記録する		→→→	完了				
	洗浄マニュアルを見直し現場に掲示する		→→→	完了				
	スキル表の評価基準を厳格に見直す		→→→	→→ 完了				
	4月でもエアコンをかけるようにする							予定 →
③対策結果評価	・初回ロット品を測定し出荷前に判明させる : 出荷前に生菌数を判明させて出荷許可を実施している ・洗浄後に管理者が確認し記録する : 洗浄後に製造リーダーが確認するようにした ・洗浄マニュアルを見直し現場に掲示する : 洗浄マニュアルを改定し,教育し,現場に掲示した ・スキル表の評価基準を厳格に見直す : 定期的に洗浄後の"拭き取り検査"を実施してスキルを評価 ・4月でもエアコンをかけるようにする : 手順書を変更して,3月からエアコンをかけるようにした 以上の結果,6月末時点で生菌数の規格外れは発生していない。拭き取り検査の結果も良好である。							
④歯止め	・商品出荷許可基準書に一般生菌検査を出荷基準に追記。(5月30日) ・洗浄マニュアルに管理者チェックを追記し,製造記録のフォーマット変更。(5月30日) ・洗浄マニュアルに洗浄残りの注意箇所を追記。(5月30日) ・スキル表の洗浄の評価基準に"拭き取り検査"を追記。(6月15日) ・製造室内温度管理基準を改定して,3月からエアコン20℃設定に変更。							

図表6.6.3 クレーム根本対策管理表

・マニュアルに洗浄の注意ポイントが未記載であった
・土曜日の洗浄担当者が新入社員であった
・生産しない日曜日には，エアコンをかけていなかった

　これらの原因に対してそれぞれ対応策を立案し，6月中旬までに改善が終了した。対策結果の評価としては，6月末時点で生菌数の規格外れは発生していないので「良好」と判断された。再発防止についても，6月中旬までに手順書改定などを終了した。

以上のプロセスが品質管理のPDCAサイクルであり，徹底して実施することが品質マネジメントのイノベーションにつながる。

6.6.3　品質不良発生後の迅速管理と未然防止策の実施

品質管理部門の品質不良発生後の迅速管理（リアルタイムマネジメント）で最も重要なことは，工程内不良やクレーム管理において，タイムラグが発生しないうちに早め早めに応急対策を実施していくことである。特にクレーム管理においては，顧客への初期報告をいつまでに実施するのかを"見えるようにする"ことが重要なカギとなる。以下に，その対応の流れを示す。

①品質不良対策管理

　製造で発生した不良データを集計し，「不良率推移グラフ」を作成する。不良率が規定値以上になってしまったら，担当製造部署と話し合いながら，リアルタイムで品質不良対策表に記入していく。その際，応急対策の実施期限を決めるとよい。また，原因追究と再発防止対策についても期限を決めて，「見える管理」で素早く運用していく（図表6.6.4）。

②クレーム回答管理

　クレーム回答対応は，最もリアルタイムなマネジメントが求められる管理である。特に，一次回答納期は3日以内と設定しているところもある。このクレーム回答管理についてもVMボードで管理をすると一目でわかる。万が一，クレーム回答の納期遅れが発生したら，いつまでに対応するのか目立つように表示して，関係者全員で協力して対応するようにして

製造職場：手詰め包装1課					責任者：山崎			20XX年度
No.	発生年月日	製品名	不良内容	応急処置内容実施日	原因	再発防止対策	実施期限	実施日	担当者
1	4月10日	チーズ鱈	個包装シール不良	全数選別（即日）	チーズの嚙み込み不良	①箱詰め担当の目視チェック追加 ②包装材を長くする	①②とも4月末	4月28日	加藤
2	6月15日	おつまみassy	詰合せ空印字	全数選別（即日）	包装機の復路吸着時の2枚取り	①2枚吸着時の目視チェック追加 ②印字センサー追加	①6月20日 ②8月末	①のみ6月28日	佐々木

図表6.6.4　品質不良対策表

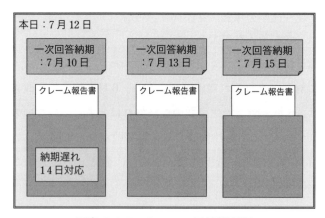

図表 6.6.5 クレーム回答管理板

いく(図表 6.6.5)。

　一方,品質管理部門の未然防止策(プリベンティブマネジメント)で重要なことは,品質異常が発生する前に早め早めに予防的管理を実施していくことである。これは品質向上には欠かせない考え方であり,今まで後追いであった品質対策において異常を未然に防ぐという目的で実施するものである。

③品質パトロール管理

　作業方法,設備,人,管理方法などの観点から品質パトロールチェックリストを作成する。これに基づいてパトロールを実施して,気付いた点をチェックする。チェックリストの内容に改善項目があれば,その都度改定していく(図表 6.6.6)。

　また,品質パトロールチェックにおいては,4M(人,設備・治具,原料・包装材,手順)と3H(初めて,変更,久しぶり)を意識してパトロールを実施するとよい。品質パトロールの結果,指摘事項対策書を食品製造責任者に渡し,期限までに実施するよう伝える。その際にも

対象職場:原料配合課	日付:20XX 年 6 月	評価者:山崎	
チェック項目		チェック	気付いた点
1. 作業方法の標準化が実施されているか			
2. 作業方法の教育・訓練は実施されているか			
3. 検査基準は決められ,教育・訓練は実施されているか			
4. 品質上,適切な治工具を用いているか			
5. 資格認定者が検査を実施しているか			
6. 帽子から髪の毛がはみ出していないか			
7. 正しい作業服や作業用手袋を着用しているか			
8. CCP項目のモニタリング方法を適切に実施しているか			
9. CCP項目の逸脱時の対応は理解しているか			
10. 品質上のヒヤリハットは発生していないか			

図表 6.6.6 品質パトロールチェックリスト

VMボードを活用して，対策進度状況を管理する。これによって，未処理，対策検討実施中，効果確認中などの進捗状況がわかるようになる（図表6.6.7）。

④拭き取り検査管理

食品企業では，生物的な危害を予防するために，拭き取り検査を実施することにより衛生状態を管理している。基準値を超えていた場合は，VMボード上に警告を掲示するなどのマネジメントを取り入れる必要がある。

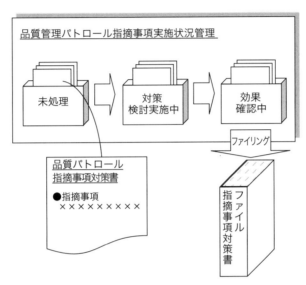

図表6.6.7 品質パトロール管理

No.	検査場所	管理基準値（RLU）	1回目測定		改善策	2回目測定		備考
		合格（<）	RLU	合否		RLU	合否	
	検査者	山崎						
	検査日	1回目測定 20XX/1/15				2回目測定 20XX/1/29		
1	まな板	500以下	136	合				
2	盛付冷蔵庫	500以下	4272	否	洗剤を湿布しておき，その後清掃した。	7	合	2度目の測定で管理基準値に添う結果を確認した。
3	加熱レバー式流し取っ手	500以下	4717	否	スポンジに中性洗剤をつけこすり洗い。すすぎ後，乾燥させアルコール噴霧した。	187	合	2度目の測定で管理基準値に添う結果を確認した。
4	加熱解凍用冷蔵庫取っ手	500以下	731	否	洗剤を湿布しておき，その後清掃した。	48	合	2度目の測定で管理基準値に添う結果を確認した。
5	アルコールスプレー取っ手	500以下	20270	否	レバー部品を外し，中性洗剤でブラシを使ってこすり洗い。すすぎ後，乾燥させた。	18	合	2度目の測定で管理基準値に添う結果を確認した。
6	洗浄後弁当食器	500以下	238	合				

指導内容
・1/15に7ヵ所をATP検査した。成績不良のため清掃・洗浄のやり直しをした。1/29に丁寧でこまめな清掃を指導した。
・2度目の測定で管理基準値に添う結果がでたので，今後もこの掃除方法が身に付くよう，指導していく。

＊管理基準値を超えた場合，改善策を施してもう一度拭き取り検査を行い，改善策が妥当だということを必ず確認すること。

図表6.6.8 拭き取り検査管理表

「拭き取り検査管理表」で不合格になった項目はその結果を表示して，製造担当者に再度清掃をしてもらい，効果があったかどうかを確認する（図表6.6.8）。また，頻繁に不合格となる箇所については，清掃・洗浄しにくいところであると判断し，写真を活用して「汚染マップ」を作成する。これを現場に掲示することで，作業者に常に注意喚起を行う仕組みを導入するとよい。

⑤官能検査レベル管理

「外観官能検査」は，主に形状・色沢などを以下の観点から検査する。

・原料の形状が維持されているか？
・適正な色になっているか？

【目的】
　　当該商品の合否判定基準として一つの重要な検査法である。又，当該商品の製造に当たって，正しい原料配合であるか，正しい手順により製造されたかを検証する意味においても欠くべからざる検査と位置づける。

【項目】
　　検査項目は以下の通りである。
　　1. 形態（容器収納状態）
　　2. 色沢（色味・内容外観）
　　3. 食感（旨味・甘味・酸味・塩味・苦味・口解け）
　　4. 香味（香り）

　　併せて，以下の理化学検査を実施し，出荷判定書に結果を記載する。
　　1. pH試験　　2. ブリックス試験　　3. 塩分試験
　　※理化学基準は製品仕様書の基準による。

【基準】
　　官能検査の採点基準は以下の5段階評価とする。
　　5点　　　良い　　　　　　合格
　　4点　　　やや良い　　　　合格
　　3点　　　普通　　　　　　合格
　　2点　　　やや悪い　　　　不合格
　　1点　　　悪い　　　　　　不合格

【パネル】
　　検査する者は次のことを控える。
　　1. 飲食・喫煙　　　　　　　　　　　　1時間前から控える
　　2. 匂いの強い香水・化粧品　　　　　　基本禁止だが，当日も控える
　　3. 空腹時・満腹時・体調不良時
　　パネルは○○・◎◎・△◎の3名とする。

【方法】
　　1. 製品から無作為に2個選び検体とする。
　　2. 色沢はカラーチャートを用い判定する。

【判定】
　　パネル責任者は○○とし，平均3点以上を合格とする。
　　但し，次のケースは不合格とする。
　　　1. 1人4項目中2項目以上2点が出た場合
　　　2. 1点が3人中，1項目でも出た場合
　　※不合格判定が出た場合，徹底した原因の究明を行い，再発防止に努める。

図表 6.6.9　官能検査マニュアル

製品名	製造日	検査日	検査者 (パネル)	官能検査項目				合否 ○/×
				形態	色沢	食感	香味	
紫いも 甘納豆	20XX. 6.10	20XX. 6.12	山崎	4	5	3	4	○
			加藤	3	5	4	4	
			田中	4	4	3	4	
		20XX. 6.14	山崎	項目	pH値	ブリックス	塩分	
				基準値	8.20〜8.70	11.0以上	2.4〜2.8%	
				実測値				
いも 甘納豆	20XX. 6.15	20XX. 6.16	山崎	3	2	2	3	×
			加藤	4	2	3	2	
			田中	3	3	3	3	
		20XX. 6.18	山崎	項目	pH値	ブリックス	塩分	
				基準値	8.20〜8.70	11.0以上	2.4〜2.8%	
				実測値				

図表 6.6.10 官能検査記録表

わかりにくいものについては，限度見本サンプルを作成しておくとよい。

外観検査は，明るく（最低照度600ルックス以上）安定した採光下で行うようにする。

また，「内質官能検査」は，硬さや味などを以下の観点から検査する。

・適正な硬さになっているか？

・適正な味になっているか？

毎月，官能検査資格者が集まってサンプル評価をし，資格者間のばらつきがないかどうかをチェックする。また，官能検査の手順や合否判定基準を「官能検査マニュアル」に標準化しておくとよい（図表6.6.9）。

また，日々の「官能検査記録表」をVMボード上に掲示して，検査資格者がお互いのばらつきを確認することができるようにするとともに，製造の全メンバーが官能検査結果をリアルタイムに把握できるようにしておくと改善が進みやすい（図表6.6.10）。

6.7　生産技術・設備保全部門

6.7.1　生産技術・設備保全部門の役割使命とイノベーション

　食品企業は商品が生鮮品であるため商品在庫を持てないことから，設備故障などで納期遅れが生じると，食品スーパーやコンビニエンスストアからペナルティを課せられることがある。そのため，生産技術・設備保全部門は，食品の納入遅延リスクに関して重要な役割を担っている。
　生産技術・設備保全部門の役割使命は，以下のとおりである。
・短期間で目標品質および目標稼働率を実現できる"生産準備"活動を推進する
・予定通り生産が開始されるように，設備・ライン計画の策定と進捗管理を行う
・設備がいつでも使えるように，費用対効果も考慮した設備保全を推進する
・製造現場のコストダウンと生産性向上の計画・実績管理を行う
・製造現場改善の促進，管理または助言を行う

　生産技術・設備保全部門の業務の遅れは，致命的なロスを引き起こす。例えば，設備の突発的な故障で速やかに復旧できないと，納期遅延により顧客の信頼を失ったりペナルティを課されることがある。食品工場の多くは，設備の突発的故障に対する修理対応や，生産準備段階における予防的な管理が十分にはできていないのが実情である。
　生産技術・設備保全部門の役割使命を果たすためには，次の5つの管理業務についてマネジメントイノベーションを実施する必要がある。

　①生産技術戦略
　　将来を見据えた生産準備・設備保全，および現場改善において，技術革新的な製法・手順を含む中長期の生産技術戦略を立案する。3章で触れたが，「食品工場のロボット化」も，生産技術部門が主導的に推し進めていくものである。

　②生産準備日程管理
　　計画通りの生産準備，量産試作，設備・ライン計画の日程管理が重要であり，なおかつスピードが求められるので，リアルタイムに日程進捗を管理する必要がある。

　③設備保全管理
　　設備で突発的故障が発生したら，できるだけ早く復帰させることが重要である。そのため，設備の予備部品を揃えておく必要がある。また，設備保全のできる人材を育成することも大切である。

④コストダウン・生産性向上管理

生産技術部門にとっても，コストダウンと生産性向上の計画と進捗管理は重要である。開発部門，製造部門や品質管理部門と協力しながら効果的な計画を立案し，組織横断的に進捗管理をする。

⑤生産現場改善支援管理

食品生産現場における改善は現場が主体となって活動するが，そこだけでは解決できないことがある。例えば，生産性向上のために治具を作製したり，作業標準化のためにビデオを撮影したりすることがある。すなわち，製造現場における改善を生産技術部門が支援することがある。

生産技術・設備保全部門のマネジメントイノベーションを実現するためには，VM ボードによって「見える管理」にする。生産技術・設備保全部門の VM ボードでは，左側に生産技術戦略，方針・目標の管理（目標，実績，差異と対策）と，右側には生産準備日程計画・進度管理，設備保全管理，生産現場改善支援管理を連鎖するようにレイアウトする（図表 6.7.1）。

生産技術・設備保全部門の管理業務ごとの VM 資料は以下のようなものである。

①生産準備日程管理：生産準備日程進捗管理表，問題点対策管理表

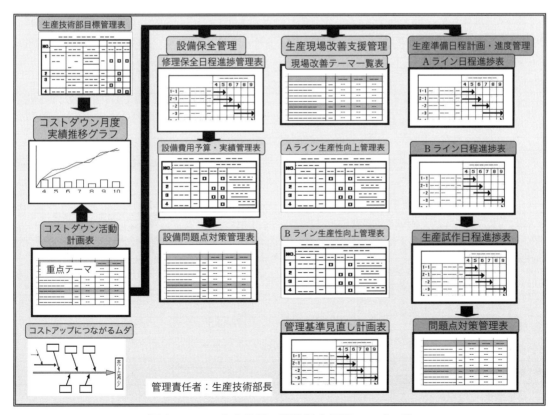

図表 6.7.1 生産技術・設備保全部門 VM ボード

②設備保全管理：修理保全日程進捗管理表，設備保全費用予算・実績管理表，設備故障・チョコ停[*5]一覧表，予備部品一覧表

③コストダウン・生産性向上管理：コストダウン活動計画・進捗管理表，コストダウン実施推移グラフ

④生産現場改善支援管理：現場改善テーマ一覧表，ライン別生産性向上管理表

6.7.2　生産準備活動の効果的な進め方

　生産準備活動で最も大切なことは，関連部門を巻き込んだ生産準備日程の立案と進捗管理である。生産準備日程管理とは，生産準備開始から量産移行までを管理することである。規模が大きな生産準備の場合は，関連する部署や人員が多くなるので，個々の実施項目と全体の進捗日程管理を併せて行う必要がある。また，生産準備期間を短縮するためにも，同時並行的な進め方をする必要がある。このような場合は実施項目間の同期化が重要となる。

　[*5]　チョコ停："ちょこっと停止する"状況で，本格的な故障ではないが，このような間欠生産が度重なるといずれ大きな事態を招くことにもつながる恐れがある。

製品名：焼菓子A								20XX.5.15	生産技術：山崎
工程（ステップ）	予実	担当者	4月	5月	6月	7月	8月	問題点	処置・対策
① 原料リスト作成	予定 実績	A	→ →						
② 配合方法検討	予定 実績	B	→ →						
③ 原料費見積り	予定 実績	B	→					当初予定より原料費が高い	開発に調達先見直しを依頼する
④ 内外作決定	予定 実績	B	→						
⑤ 包装材手配	予定 実績	C			·········→				
⑥ 製造原価計算	予定 実績	B	→ →					製造原価が予定よりオーバーしている	原価見直し会議を開催する
⑦ 工程手順計画	予定 実績	D							
⑧ 型・治具設計	予定 実績	E	→ 						
⑨ 型・治具見積り	予定 実績	C	→						
⑩ 型・治具手配	予定 実績	C			·····→			【運用ルール】 管理板責任者：生産技術部　山崎部長 1.　各担当は実績を赤線で記入のこと。 2.　遅れが発生した場合は，問題点，対策を記入すること。 3.　毎週月曜日13：00から当管理板の前で関係者参集の上，打合せを実施する。	
⑪ 生産試作	予定 実績	E, F		·······→					
⑫ 生産試作評価	予定 実績	E, F			········→				
⑬ 量産試作	予定 実績	E, F				·······→			
⑭ 量産試作評価	予定 実績	E, F				·····→			
⑮ 量産移行計画・会議	予定 実績	E, F				·····→			
⑯ 量産開始	予定 実績	G				·····→			

図表 6.7.2　生産準備日程進捗管理表

量産試作問題点対策管理表				製品名：チーズ詰合せ				生産技術部	
No.	記入日	工程名	問題点	原因	対策	実施期限	実施日	担当部署	効果の確認
1	20XX.6.10	混合	原料の混合時に落下口にて詰まる	原料の吸湿	①原料保管場所に湿度対策を実施 ②原料の先入れ先出し管理	6月末	6/28	生産技術	8月10日
2	20XX.6.15	詰合せシール	詰合せ工程で、包装材が小さいため、シール時に原料のチーズが噛み込む	包装材の設計時の検討不足	包装材の大きさを変更する	7月初		商品開発	
3									

図表 6.7.3 量産試作問題点対策管理表

生産準備活動の進め方としては，該当する製品の生産準備に関する実施事項を抽出した「生産準備日程進捗管理表」を作成する（図表 6.7.2）。その際，注意すべきポイントは，実施項目間の関連事項がわかるようにすることである。そして，最低週1回は関連部署が集まり，この生産準備日程進捗管理表により進捗状況を確認する。その際，推進上の技術的な問題点を明確にし，対策を検討する。

設備設計・製作，生産試作，量産試作などは，実施する組織やグループ単位で生産準備日程進捗管理表を作成し，日または週単位で進捗を管理する。発生した問題点については「量産試作問題点対策管理表」にその場で記入し，問題を確実に処理するようにする（図表 6.7.3）。

6.7.3　設備保全活動の効果的な進め方

設備・機械をたくさん保有している食品工場では，設備保全管理の範囲が広く，保全対象も多くなる。そこで設備保全管理を疎かにすると，設備故障が頻発したり品質低下を招くことになる。そのため，設備を常に稼働可能な状態にしておく保全活動は重要である。また，設備保全のための費用も欠かせない管理項目である。

設備故障やチョコ停が起きると，生産計画の未達成，納期の遅延および製品不良につながり，コストアップ要因となる。そこで，「設備故障・チョコ停一覧表」（図表 6.7.4）に原因，応急処置，再発防止対策等を記入しVMボードに掲示して，日々のミーティングで進捗を確認していくとよい。設備の保全対策は一時的な対策だけではなく，定期保守などを実施して恒久的に設備の稼働を管理していくことが大切である。そして，修理保全対象設備については年間保全計画表を作成し，その進捗を管理していく。

また，設備保全管理のコストダウン項目として設備保全費用予算を立て，設備費用を削減していく。設備保全費用の内訳は，外部修理保全費，設備改造費，交換部品購入費，予備品購入費などがある。これらについて，計画されていた費用と計画外費用とに分け，費用が発生した都度，「設備保全費用予算・実績管理表」（図表 6.7.5）に記入し，管理する。

	設備故障・チョコ停一覧表									設備保全課	
No.	記入日	部署	設備名	故障・チョコ停内容	故障・チョコ停時間	原因	応急処置	実施日	再発防止対策	実施日	担当者
1	20XX.6.10	製造1係	自動シール機	シール部分の汚れの拭き取り（シール不良の原因）	平均15分／日	粉体原料飛散による汚れ	定期的なシール部の清掃	6/11より	飛散しないように吸引器を設置	7/28	設備鈴木
2	20XX.6.15	製造2係	袋詰め包装機	吸着不良による印字位置ズレ（印字不良の原因）	修理時間：2時間	吸着盤が劣化して硬くなる	吸着盤の交換	6/15	定期的な交換基準を設定	6/28	設備山崎
3											

図表 6.7.4 設備故障・チョコ停一覧表

費目	設備名	保全費用項目	予算	保全日	実績	予算実績差異
予定保全費用	ピロー包装機	オーバーホール	500,000	5月10日	490,000	−10,000
	洗浄機	オーバーホール	200,000	5月25日	210,000	10,000
突発保全費用	ピロー包装機	搬送ユニットベルト交換	2,000,000（トータル予算）	4月20日	300,000	1,700,000
	洗浄機	フィルター交換	—	5月20日	100,000	1,600,000

図表 6.7.5 設備保全費用予算・実績管理表

　また，設備が故障して復旧に時間がかかった際には，納期遅れという致命的なクレームを発生させないことが重要となってくる。この対策として，予備部品をリストアップして用意しておき，故障の際には，自社のメンテナンス要員が早急に交換できる体制を敷いておくようにする。この予備部品のリストアップは，1台しかない重要設備などで優先的に「予備部品管理表」を作成するとよい。設備が古くなってくると，予備部品が生産中止となり手に入らないこともある。これは，電気部品でよく発生し，代替品を探すことになるので注意が必要である。

6.7.4　コストダウン・生産性向上の効果的な進め方

　生産性向上のためには，職場別や工程別に「生産性向上管理表」（図表 6.7.6）を作成し，対象工程名，担当者，生産性向上改善方策，年間予想効果金額，改善予定日，改善実施日，および評価結果が一目でわかるようにする。年間予想効果金額とは，生産性向上により生産時間が短縮され，残業時間が減少した結果の人件費削減額のことである。

　連合作業分析（マン・マシン分析）とは，1人または何人かの作業者が，1台あるいは複数台の機械を使って作業する場合，その作業状況を時間的経過の関連で捉えて図表化し，人・機械の手待ちや干渉状態を見つけ，人・機械の双方の稼働状況の効率化を図る段取り作業改善の手法である。その手順を以下に解説する。

6.7.4 コストダウン・生産性向上の効果的な進め方

対象工場：第一工場		部門：設備保全					
							20XX.8.20
対象工程	製品名	改善担当	生産性向上の効果改善方策	年間予想効果金額	改善予定日	改善実施日	評価結果
B包装ライン	ナッツ詰合せ	山崎	1時間当たりの出来高20％増 残業減により月間40万円減 ＊ナッツこぼれ対策を実施して包装機のスピードを20％UP	500万円	8月末	8月初	ナッツこぼれ対策は改善されたが、最終工程の検品者がスピードについていけず、結局スピードは15％UPとなる

図表 6.7.6 生産性向上管理表

No.	1	連合作業分析表（改善前）				観測日	
工程		混合工程	製品	○○○○		作成日	
対象		☑人-機械 □組作業	サイクルタイム：360秒		表中時間単位：分	作成者	山崎, 田中

対象時間	作業者		混合機A			
1	1	原料2種類投入	1	原料2種類投入中		
2	4	監視（工数のムダ）	4	撹拌自動運転		
3						
4						
5						
6	1	撹拌後の原料受け	1	撹拌後の原料受け中		
7						
正味時間	2分		4分			
アイドルタイム	4分		2分			
アイドル率%	67%		33%			

図表 6.7.7 連合作業分析表（改善前）

1)「連合作業分析表」（図表6.7.7）に，作業者および機械の1サイクルの作業手順について時間経過とともに記録する
2) 作業者や機械の作業が時間的に一致する作業に着目し，スタート基準とする
3) 連合作業分析図記号（図表6.7.8）を記入する
4) 分析結果の解析と改善案を検討する

図表 6.7.7 では 1 人の作業者が 1 台の混合機を担当していて監視のムダが発生しており，アイドル率[*6]が 67％に達していた。これを改善したところ混合機 3 台持ちが可能になり，結果的に監視のムダがなくなりアイドル率 0％となって，人件費の低減が実現できた（図表 6.7.9）。

[*6] アイドル率：稼働していない無駄な時間の割合。

作業者			機械		
区分	記号	内容	区分	記号	内容
独立	■	機械や他作業者に無関係に行える独立した作業（作業中）	自動	■	作業者を必要としない自動による機械作業（加工中）
連合	▨	機械や他作業者と関係し合いながら，どちらかが制約している作業（作業中）	手扱い	▨	作業者の作業により，制約を受ける作業（手動：加工中）（取付・取外，内段取り：停止中）
手待ち	□	機械や他作業者が作業しているために，生じる手待ち（手待ち中）	手待ち	□	作業者が作業しているために，生じる手待ち（停止中）

図表 6.7.8 連合作業分析図記号

No.	2	連合作業分析表（改善後）		観測日	
工程	混合工程	製品 ○○○○		作成日	
対象	☑人-機械 □組作業	サイクルタイム：360秒	表中時間単位：分	作成者	山崎，田中

対象時間	作業者		混合機A		混合機B		混合機C	
1	▨	1 混合機A原料2種類投入	▨	1 混合機A原料2種類投入中	▨	1 撹拌自動運転	■	3 撹拌自動運転
2	▨		■		▨	1 混合機B撹拌後の原料受け中		
3	▨	4 混合機B撹拌後の原料受け／混合機B原料2種類投入		4 撹拌自動運転	▨	1 混合機B原料2種類投入中	▨	1 混合機C撹拌後の原料受け中
4	▨	混合機C撹拌後の原料受け			■	3 撹拌自動運転	▨	
5	▨	混合機C原料2種類投入			■		▨	1 混合機C原料2種類投入中
6	▨	1 混合機A撹拌後の原料受け	▨	1 混合機A撹拌後の原料受け中	■		■	1 撹拌自動運転
7								
正味時間	4分		4分		4分		4分	
アイドルタイム	0分		2分		2分		2分	
アイドル率%	0%		33%		33%		33%	

図表 6.7.9 連合作業分析表（改善後）

6.8　倉庫・物流部門

6.8.1　倉庫・物流部門の役割使命とイノベーション

　原料や製品について在庫統制を行うのは生産管理部門であるが，現物を管理するのが倉庫・物流部門である。食品によっては冷凍保管や冷蔵保管，または冷凍配送や冷蔵配送があり，温度管理を実施することもある。
　このことから，食品工場の倉庫・物流部門の役割使命は，以下のとおりである。

・入庫時に原料等の品質を確認し，正しい場所に入庫する。また，入庫時間の削減を図る
・倉庫保管中の温度管理を行い，原料の使用期限と完成品の出荷期限を管理する。また，倉庫内のフードディフェンス（6.8.5で詳述）を徹底する
・出荷ミスやピッキングミスをなくし，出荷品・数量間違いや送り先間違い，出荷日間違い等をなくす
・自社便および外部物流業者における配送中の温度管理を徹底し，決められた時間と場所に配送する。また，輸送中のフードディフェンスと安全運転を徹底する
・倉庫費用および物流費用を分析し，改善により削減する

　このように，倉庫・物流部門は，食品製造部門が製造した商品を安全・確実に顧客に届ける役割使命を担っている。
　倉庫・物流部門の役割使命を果たすために，次の5つのマネジメントイノベーションを実施する。

　①入庫管理
　　原料等を入庫する際には，トラックの庫内温度を確認するとともに，原料の使用期限を確認し，決められた場所に適切に保管する。
　②倉庫保管管理
　　原料については有効期限，完成品については出荷期限を管理して，ムダな食品廃棄物を出さないようにする。また，データ上の在庫と現物在庫の差異をなくすとともに，倉庫内に不審者が入らないようにフードディフェンスの徹底を図る。
　③出庫管理
　　出荷事務上の記入ミスや倉庫作業者のピッキングミスの件数を"見える化"し，その原因を分析して再発防止対策を推進し，異品出荷・数量間違い・送り先間違い・出荷日間違い等

のクレームを撲滅する。

④配送管理

　自社便および外部物流業者による配送中の温度管理を徹底させ，決められた時間・場所に配送するために，これを記録に残して分析する。また，最適な輸送ルートと安全運行を管理するとともに，輸送中のフードディフェンスを徹底する。

⑤物流コスト削減管理

　倉庫費用および物流費用については現状に満足することなく，倉庫の収納効率や配送効率，帰り荷運送比率などのデータを分析し，コスト削減未達成であれば原因を追究し，改善により削減目標達成を目指す。

　倉庫・物流部門のマネジメントイノベーションにおいては，管理業務をVMボードによって「見える管理」にすることが重要である。倉庫・物流部門のVMボードは，図表6.8.1のように，左側に品質向上やコストダウンに関する方針・目標の管理（目標，実績，差異と対策），その右側には入庫・保管管理，出庫管理，配送管理，物流コスト削減管理などをレイアウトする。

　倉庫・物流部門のマネジメントイノベーションを実現するための主なVM資料は以下のようなものである。

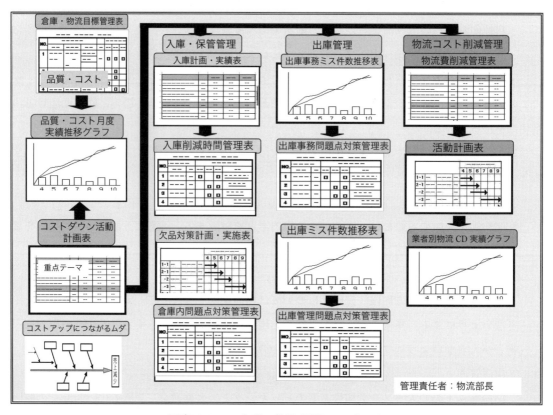

図表6.8.1　倉庫・物流部門VMボード

	職場名：倉庫・物流管理部門				20XX.4.10
No.	ムダの種類	改善テーマ	改善内容	改善指標 （管理指標）	VM（見える化）資料
1	入庫実績不足を管理していないため，包装材が欠品し，生産管理部門の対策工数がかかる	入庫計画・実績管理の確立	入庫計画・実績表で入庫予定と実績管理を行い，不足数と不足品の入庫予定日を把握する	入庫不足件数 入庫削減時間	入庫計画・実績管理表 入庫削減時間管理表
2	購買部門と倉庫現場での欠品管理が不十分なため，欠品が生じて出庫遅れとなった	倉庫欠品管理の確立	部品倉庫において，入出庫および在庫を管理することにより，欠品を未然防止する	欠品件数 欠品率	在庫現品票，在庫一覧表 欠品・発注中表示札 欠品対策計画・実施表
3	原材料の使用期限が超過し，原材料を廃棄する。また製品の出荷期限が超過し，製品を廃棄する	有効期限・出荷期限管理の確立	有効期限・出荷期限をVMで管理することによる原材料・製品の廃棄金額を削減する	有効期限切れ廃棄金額 出荷期限切れ廃棄金額	原材料有効期限一覧表 製品出荷期限一覧表 倉庫内問題点対策管理表
4	事務方の出荷指示書記入ミスにより，数量間違い，製品再発送実施	出庫事務ミス低減管理の確立	事務方に事務ミス一覧を渡し，改善要望を実施する	出庫事務ミス件数 出庫事務問合せ工数	出庫事務ミス件数推移表 出庫事務問題点対策管理表
5	ピッキングミスや梱包方法の間違いにより，送付品の回収及び再発送実施	出庫ミス低減管理の確立	ピッキング作業差立板や顧客別作業一覧表を用いると同時に問題点対策管理表で，出庫ミスを削減する	出庫ミス件数 出庫ミス削減率	出庫計画管理表 出庫ミス件数推移表 出庫問題点対策管理表
6	倉庫のロケーション表示や単体表示が不十分で，探す時間をロスした	ピッキングロス改善の推進	倉庫のロケーション表示を見やすくし，単体表示についても文字の大きさや色を使いわかりやすくして，探す時間を短縮する	ピッキング時間短縮率 ピッキング改善金額	個人別ピッキング時間推移グラフ ピッキング作業者スキルマップ
7	配送中に，委託業者が製品を落下させ，製品検査・再梱包して送付	外部委託管理の確立	配送委託業者別に，トラブル集計表を基に，改善要求を実施する	トラブル損金額 トラブル削減率	外部配送業者トラブル集計表 配送問題点対策管理表
8	自社便および外部物流業者におけるコストダウンが計画的に実施されていない	物流費削減管理の確立	コストダウンのための計画を立案し，目で見えるように実績管理および対策を実施する	物流費削減金額 物流費削減達成率	物流費削減計画・実績管理表 業者別物流費用削減実績グラフ

図表 6.8.2 改善テーマと VM 資料

・入庫管理：入庫計画・実績管理表，入庫削減時間管理表，入庫改善管理表

・倉庫保管管理：在庫現品票，倉庫問題点対策管理表，欠品対策計画・実施表

・出庫管理：ピッキング作業差立板，出庫ミス件数推移表，出庫管理問題点対策管理表

・配送管理：配送温度管理表，フードディフェンスチェック表，配送問題点管理表

・物流コスト削減管理：物流費削減計画・実績管理表，業者別物流費用削減実績グラフ

　これらについては，メンバー全員から日頃より感じているムダをリストアップしてもらい，改善テーマ・改善内容・改善指標を決めるようにする（図表 6.8.2）。

6.8.2　入庫・保管管理の効果的な進め方

　入庫管理では，原料や包装材の入庫上のトラブルを未然に防止するために，また保管管理では，倉庫内の在庫状況を確実に把握するために，問題点をいち早く発見して対策を立てるようにする。すなわち，倉庫内における物品管理を通して，後工程に影響を及ぼさないよう管理を行う。入庫・保管管理の運用のポイントは，以下のとおりである。

　まず，入庫時に「入庫計画・実績管理表」を作成する（図表 6.8.3）。次に，入庫業者（便名）

倉庫名：原料倉庫								20XX年4月25日	
入庫時刻	入庫業者 (便名)	品名	入庫作業時間	入庫予定数	実績数	不足数	不足原因	次回入庫予定日	受付者
9:30	○○食品（株）	グルタミン酸ソーダ	20分	500 kg	450kg	50kg	混合機トラブル	5月10日	山崎
11:30	△△食品（株）	塩化ナトリウム	15分	100kg	102kg	—	—	5月15日	髙橋
:									

図表 6.8.3 入庫計画・実績管理表

物流部倉庫課											20XX年
No.	発生月日	原材料倉庫／製品倉庫	品名	不具合内容	原因	再発防止対策	実施期限	実施日	担当者	効果の確認	損失コスト
1	4月24日	原材料倉庫	グルタミン酸ソーダ	使用期限切れ	原料期限管理不足	原材料の使用期限一覧表を作成し，倉庫に掲示して管理期限が近づいたら生産管理に連絡	6月末				廃棄10万円
2	4月28日	製品倉庫	ふりかけA	出荷期限切れ	商品出荷期限管理不足	製品の出荷期限一覧表を作成し，倉庫に掲示して管理期限が近づいたら営業に連絡	6月末				廃棄10万円

＜倉庫管理上の不具合内容＞
　原材料倉庫：使用期限切れ，原材料劣化，欠品，在庫過多　　製品倉庫：出荷期限切れ，製品劣化，欠品，在庫過多

図表 6.8.4 倉庫内問題点・対策管理表

／品名／入庫予定数／実績数／不足数／不足原因／次回入庫予定日等を明記する。また，入庫作業時間を明記することにより入庫に要した時間がわかるので，「入庫改善管理表」を利用して入庫時間のムダを削減していく。保管管理としては，常に在庫状況を把握していることが重要である。欠品になると製造部門に影響を及ぼし，出荷遅れの原因となる。

　欠品については，在庫現品票を現品の傍に，在庫一覧表を管理机などに置き，入出庫のたびに記入するとよい。また，「欠品・発注中表示札」を使うことにより，誰にでも欠品状況・発注状況・入庫日がわかるようにする。

　倉庫内で発見した使用期限超過や保管時損傷などの不具合品は，「倉庫内問題点・対策管理表」（図表 6.8.4）に原因，応急処置，再発防止対策を記入してコストアップ要因解消につなげていく。

6.8.3　出庫管理の効果的な進め方

　出庫管理では，出庫上のトラブルを未然に防止するとともに，ピッキング作業，梱包作業の実態を"見える化"し，問題点をいち早く発見して対策を立てることによりムダを排除する。製造部門で納期通りに品質よく商品を製造しても，出庫管理の段階でミスが生じると水泡に帰してし

まう。したがって，確実に，間違いなく出庫できるよう管理する。

出庫管理には，出庫計画，ピッキング方法から梱包方法までが含まれ，出庫上のミスは，品目違い・数量違い・荷姿違い・出庫時間違い・顧客別要求ミスなどの項目が挙げられる。これらのミスをなくすために，出庫管理を徹底する。

ピッキングにおいては「ピッキング作業差立板」を作成し，そこに作業指示書を入れて便数の順番を指示することにより，作業効率を上げることができる（図表 6.8.5）。

また，出庫の際，顧客により作業方法が異なる場合がある。そこで，「顧客別作業管理一覧表」で顧客別の要求事項を明確にし，出庫の際に間違いを発生させないようにする。具体的には，添付納品書・記入方法，梱包方法，検品印の有無，禁止事項などの項目がある。また梱包方法の標準化を図るために「梱包作業標準書」を作成し，現場に掲示しておくことにより，梱包上のミスをなくすことができる。

出庫業務で発生した不具合については「出庫業務問題点・対策管理表」（図表 6.8.6）に，原因，

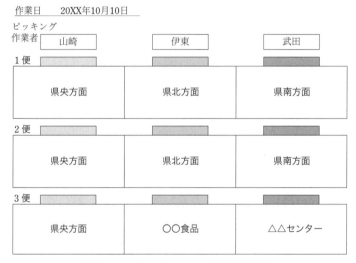

図表 6.8.5 ピッキング作業差立板

物流部倉庫課											20XX 年
No.	発生年月日	品名	不具合内容	応急処置内容	原因	再発防止対策	実施期限	実施日	担当者	効果の確認	損失コスト
1	4月15日	ふりかけB	数量違い	追加発送	ピッキングミス	棚表示を見やすく貼り替え，ピッキング作業者への確認徹底指示	6月末				5,000円
2	4月20日	調味料セットC	荷姿違い	回収して再発送	梱包作業標準の不備	梱包作業標準書の追加作成および作業者教育	6月末				15,000円

出庫管理上の不具合内容：品目違い，数量違い，荷姿違い，出庫時間違い，顧客別要求ミス

図表 6.8.6 出庫業務問題点・対策管理表

応急処置内容，再発防止対策などを記入し管理する。

また，ピッキング時に倉庫のロケーション表示や単体表示が不十分で，探す時間がロスとなる場合やピッキング作業者が不慣れで時間がかかってしまう場合がある。こうした問題に対しては，ロケーション表示や単体表示を改善したり，ピッキング作業者のスキルマップを作成し，教育する。これらの改善結果は，「個人別ピッキング時間推移グラフ」などで管理する。

6.8.4 食品工場内の運搬方法改善の進め方

原材料・仕掛品・製品のモノの流れを見ていくと「加工」「運搬」「検査」「停滞」の4つに大きく分けられるが，この中で一番ムダなコストを発生させているのが運搬である。一般に，原価の20〜30％は運搬費であるともいわれており，その内訳は，人件費，運搬装置の維持費や減価償却費などである。そのため，できるだけ「運搬をなくす」ことを第一に考えてみる必要がある。そのうえで，距離・時間・回数を減らせないか，最小限の運搬工数を考えていく。さらに，運搬の実態を把握したうえで，「配置」「運搬方法」「運搬経路」「運搬手段」などをより効率的なものに改善していく。

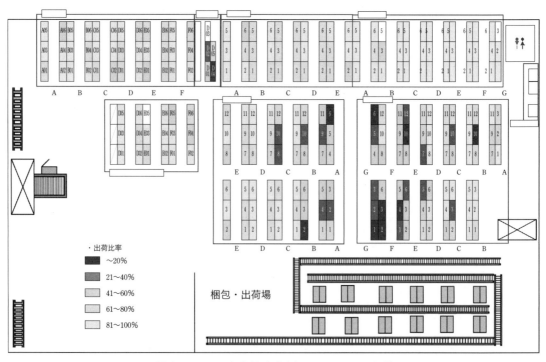

図表 6.8.7 出荷比率分析とレイアウト改善

運搬改善の進め方として,「マテリアルハンドリングの原則」*7や運搬チェックリストなどを活用する場合がある。運搬工数の改善には,以下の点を考慮に入れるとよい。

・倉庫レイアウトの見直しにより,運搬距離の短縮,動線の逆行や交差の改善について検討する。ピッキング回数の多い,すなわち出荷比率が大きい商品は,できるだけ梱包・出荷場に近い位置に移動する(図表6.8.7)。
・パレット・台車などを利用して,すぐ移動できる状態にしておく。
・工場内において,なにも載せない"カラ運搬"が発生している場合は,極力なくす方向で検討していく。それぞれの台車の用途と必要数を決め,原料や包装材を定時運搬方式とする。
・運搬の専任者を決め,ライン作業者には運搬をさせないようにする。

*7 マテリアルハンドリングの原則:「マテリアルハンドリング」とは,運搬したり積み降ろしたり,現品を取り扱うこと。①活性荷物の原則,②自重軽減の原則,③重力化の原則,④継目の原則など。

6.8.5 倉庫・配送におけるフードディフェンスの進め方

フードディフェンス(food defense:食品防御)という言葉をよく耳にするようになった。過去に発生した中国製冷凍餃子事件のような食品に対する脅威に,会社として対策を講じることがフードディフェンスである。従来のHACCPでは,会社内での安全基準を押さえておけば大丈夫,という考えであったが,それだけでは100%安全を確保できなくなってきた。米国では「食品テロ」についてはアメリカ食品医薬品局(FDA)が中心となって予防・監視・保護などの対応をとっている。

いわゆる「食品テロ」は,製品の欠陥や過失といった偶発的なものではなく,故意に,悪意を

No.	フードディフェンス項目
1	商品の保管場所は,危険な化学薬剤と分離している
2	製品在庫を追跡でき,欠陥や余分な在庫が調査できる
3	従事者は,フードセキュリティについて教育訓練されている
4	配送車両を荷卸し・荷積み前に点検している
5	配送車の洗浄保証書や封印を確認している
6	倉庫内と配送車のトレーサビリティが完全に取れている
7	ドライバーの身元確認をしている
8	倉庫内の適切な場所に監視カメラが設置されている
9	倉庫担当者を対象に定期的に持ち物検査を実施している
10	・・・・・・・・・・・

図表6.8.8 フードディフェンスチェック表

もって行われるものである。そのため，防御についてはなかなか難しい側面があるが，とりうる対策はしっかりと立てておきたい。

例えば，配送中は庫内に施錠するのはもちろんのこと，顧客倉庫に到着したときも，納品時に車両を離れるときは必ず鍵をかけることを徹底する。これは，自社便でも業者委託した配送車でも，同様のルールとする。また倉庫内では，監視カメラの設置，作業員の作業服のポケットをなくす，ロッカーの持ち物検査，外部からの異物持ち込みを防ぐための「フードディフェンスチェック表」（図表 6.8.8）などさまざまな対策がある。

このように，食品工場内の倉庫や配送車両においても，食品安全の取り組みが必要になってきている。その取り組みには HACCP 上の管理だけではなく，基礎となる 5S や一般的衛生管理が欠かせない。また「食品テロ」に対しては，流通業界全体でフードディフェンスを講じていく必要がある。

6.8.6 物流コスト削減管理の進め方

物流コストを削減するためには，自社便を使用する場合の費用対効果を考慮したうえで外部物流業者を活用していくとよい。自社便では，荷役作業時間の短縮，最短距離管理により車両の回転率および積載効率の向上を図ることで，物流コストを削減していく。一方，外部物流業者を使用している場合は，定期便・混載便契約か個別個数契約かによって，最も経済効果のある運賃提示を勘案する。

物流コスト削減における"見える管理"は「物流費削減計画・実績管理表」で行う（図表 6.8.9）。まず，コストダウン金額に見合った具体的方策を抽出し，担当分担，実施時期等を計画し，進捗状況と問題点を"見える化"し，月間・週間・日々の PDCA サイクルを回していく。この結果を，「物流コストダウン実績グラフで」一目で見えるようにしていくとよい。

No.	業者名	便名	担当者	方策 経済的積載量管理	方策 長期契約	方策 運賃単価引下げ交渉	方策 配送ルートの見直し	目標削減目標金額	実績状況 前月までの実績	実績状況 当月実績	実績状況 累計	実績状況 達成率	問題点	次月への展開
1	上田運輸	長野便	山崎	○	○	△		1,000	100	100	200	20%	交渉の遅れ	
2	群馬運送	高崎1便	山崎	○		○		700	200	100	300	43%		
3	群馬運送	高崎2便	山崎	○	△	○		1,300	30	200	230	18%	交渉の遅れ	
4	東京急便	都内便	山崎	○		○	△	900	50	100	150	17%	交渉の遅れ	
5	山田運送	埼玉便	伊東	○	○	○		700	200	200	400	57%		
6	・・・・													
						合計		4,600	580	700	1,280	28%		

○：順調　△：変更交渉中　作成日：20XX年6月30日　単位：千円

図表 6.8.9 物流費削減計画・実績管理表

【参考文献】

1章　会社全体で品質改善と収益向上を目指す
　　　：山崎康夫「食品工場の生産性向上策」食品工場長（2012.12, 2013.1）
　　　：叙々苑ホームページ　http://www.jojoen.co.jp/

2章　組織横断活動の必要性と「見える化」の工夫
　　　：山崎康夫「食品企業における購買・外注管理のQCD改革」食品工場長（2015.12）
　　　：山崎康夫「食品企業の成功する商品企画・研究開発」食品工場長（2017.1）

3章　理想の食品企業への到達点に向けて
　　　：Final report of the Industrie 4.0 Working Group「Recommendations for implementing the strategic initiative INDUSTRIE 4.0」（2013.4）
　　　：五十嵐瞭「マネジメントイノベーションの推進による高次元のモノづくり企業の実現」工場管理，日刊工業新聞社（2014.6）
　　　：総務省「平成26年版 情報通信白書」（2014.7）
　　　：日本食品機械工業会「2015年食品機械調査統計資料」（2016.5）

4章　リスクベース思考で生産改革を実現
　　　：「JIS Q 31000：2010」日本規格協会（2010.9）
　　　：経済産業省「リスクアセスメントハンドブック第一版，実務編」（2011.6）
　　　：山崎康夫「食品工場の生産性向上とリスク管理」幸書房（2012.9）
　　　：「ISO9001：2015」日本規格協会（2015.9）
　　　：山崎康夫「食品企業における異物混入リスクの診断事例」日本経営診断学会論集（2015.9）
　　　：山崎康夫「食品企業の成功する商品企画・研究開発」食品工場長（2016.11）

5章　全部門を対象とした効果的な改善活動
　5.1　全社的5S活動
　　　：中部産業連盟「新まるごと5S展開大事典」日刊工業新聞社（2016.6）
　5.2　全社的ムダ取り活動
　　　：中部産業連盟「VM/見える化によるコストダウン活動の進め方」工場管理，日刊工業新聞社（2009.6）
　　　：中部産業連盟 東京事業部「ムダの分析と改善プロジェクト活動資料」（2009-2011）
　5.3　事務の業務改善活動
　　　：山崎康夫「管理・間接部門における日常業務管理の見える化」日本経営診断学会論集（2008）
　　　：日本生産性本部「日本の生産性の動向2015年版」（2015.12）
　　　：中部産業連盟「働き方改革の秘策！間接業務効率化の進め方とノウハウ」工場管理，日刊工業新聞社（2017.6）

5.4 見える目標管理活動
: 中部産業連盟「マネジメントイノベーションの推進」工場管理，日刊工業新聞社（2014.6）
: 山崎康夫「VMによる方針・目標管理で目的・目標を達成する」工場管理，日刊工業新聞社（2016.6）

5.5 原価管理による改善活動
: 中部産業連盟 東京事業部「管理会計プロジェクト活動資料」（2015-2016）
: 山崎康夫「製品別原価管理による収益改善」日本経営診断学会論集（2016.9）

6章　部門別の品質改善と収益向上

6.1 商品企画・営業部門
: Ansoff「Strategies for Diversification」Harvard Business Review, Vol.35（1957.9-10）
: Tim Brown「Change by Design（デザイン思考が世界を変える）」ハヤカワ・ノンフィクション文庫（2014.5）
: 山崎康夫「食品企業の成功する商品企画・研究開発」食品工場長（2016.7，2016.8）

6.2 研究開発部門
: 山崎康夫「食品企業の成功する商品企画・研究開発」食品工場長（2016.9，2016.10，2016.12）
: 特許情報プラットフォームホームページ　https://www.j-platpat.inpit.go.jp/web/all/top/BTmTopPage

6.3 生産管理部門
: 中部産業連盟「見える化でコスト半減を目指すリードタイム短縮の進め方」工場管理，日刊工業新聞社（2006.12）
: 山崎康夫「食品工場の生産性向上策」食品工場長（2013.7）

6.4 購買・外注管理部門
: 中部産業連盟 東京事業部「外注管理プロジェクト活動資料」（2012-2013）
: 山崎康夫「食品企業における購買・外注管理のQCD改革」食品工場長（2015.10，2015.11）

6.5 製造部門
: 中部産業連盟「VMボードによるコストダウン活動の具体的な進め方」工場管理，日刊工業新聞社（2005.9）
: 中部産業連盟「新まるごと工場コストダウン事典」日刊工業新聞社（2008.1）
: 山崎康夫「食品工場の生産性向上策」食品工場長（2013.5）

6.6 品質管理・検査部門
: 中部産業連盟「マネジメントイノベーションの推進」工場管理，日刊工業新聞社（2014.6）

6.7 生産技術・設備保全部門
: 中部産業連盟「VMボードによるコストダウン活動の具体的な進め方」工場管理，日刊工業新聞社（2005.9）
: 中部産業連盟「VMによるコストダウンの進め方」工場管理，日刊工業新聞社（2009.6）
: 山崎康夫「食品工場の生産性向上策」食品工場長（2013.6）

6.8 倉庫・物流部門
: 中部産業連盟「VMによるコストダウンの進め方」工場管理，日刊工業新聞社（2009.6）

● 著者紹介

山崎　康夫（やまざき　やすお）

1979 年	早稲田大学理工学部 卒業
1983 年	オリンパス光学工業株式会社 入社
1997 年	社団法人 中部産業連盟 入職
	主に食品製造業に対して、ISO9001、ISO22000、FSSC22000、有機 JAS、新工場建設、生産性向上、工場活性化などの講演・指導に従事
2002 年	東京造形大学 非常勤講師 経営計画専攻
現　在	一般社団法人 中部産業連盟 執行理事 東京副事業部長 主席コンサルタント

全日本能率連盟認定マスター・マネジメント・コンサルタント
JFS-E-A/B 規格 監査員および判定員
品質システム審査員／環境システム審査員
中小企業診断士

本著書についての問合せは、yamazaki@chusanren.or.jp
または、yas_yam@nifty.com

食品企業の全社的生産性向上マネジメント

2017 年 9 月 11 日　初版第 1 刷発行

　　　　　　　著　　者　　山崎康夫
　　　　　　　発 行 者　　夏野雅博
　　　　　　　発 行 所　　株式会社 幸書房
　　　　　　　〒 101-0051　東京都千代田区神田神保町 2-7
　　　　　　　TEL 03-3512-0165　FAX 03-3512-0166
　　　　　　　URL　http://www.saiwaishobo.co.jp/

　　　　　　　　　　　　組　版：デジプロ
　　　　　　　　　　　　印　刷：シナノ
　　　　　　　　　　装　幀：Edigraphic Corporation

Printed in Japan. Copyright Yasuo YAMAZAKI. 2017
無断転載を禁じます。
JCOPY 〈（社）出版者著作権管理機構　委託出版物〉
本書の無断複写は著作権法上での例外を除き禁じられています．
複写される場合は，その都度事前に，（社）出版者著作権管理機構
（電話 03-3513-6969，FAX 03-3513-6979，e-mail：info@jcopy.or.jp）
の許諾を得てください．

ISBN978-4-7821-0417-0　C3058